宠物大本营

宠物图书编委会 编

选猫养猫

全攻略

化学工业出版社

·北京·

本书介绍了人类和猫咪相处需要具备的各方面的知识和技巧：从了解猫科动物的习性，到如何挑选合适的猫咪品种；从不同阶段如何与猫咪相处，到猫咪的健康喂养训练，以及猫咪疾病的预防和治疗等，可以说应有尽有。作为一本《选猫养猫全攻略》，就让我们陪你一起走进猫咪的世界，一起来照顾和陪伴可爱的猫咪，享受养猫的乐趣吧！

图书在版编目（CIP）数据

选猫养猫全攻略／宠物图书编委会编．—北京：
化学工业出版社，2019.10
（宠物大本营）
ISBN 978-7-122-34961-3

Ⅰ．①选… Ⅱ．①宠… Ⅲ．①猫—驯养—基本知识
Ⅳ．①S829.3

中国版本图书馆 CIP 数据核字（2019）第 154648 号

责任编辑：李　丽　　　　　　　　　美术编辑：尹琳琳
责任校对：宋　玮　　　　　　　　　装帧设计：芊晨文化

出版发行：化学工业出版社（北京市东城区青年湖南街13号　邮政编码100011）
印　　装：三河市延风印装有限公司
889mm×1194mm 1/32 印张 10¼ 字数162千字　2020年1月北京第1版第1次印刷

购书咨询：010-64518888　　　　　　　售后服务：010-64518899
网　　址：http://www.cip.com.cn
凡购买本书，如有缺损质量问题，本社销售中心负责调换。

定　　价：59.00元

编委会名单

前言

猫昼伏夜出，白天习惯懒洋洋地睡觉，晚上则精神饱满地出来活动，就好像黑夜中的"骑士"，给人以神秘莫测的感觉。它们或调皮可爱，或温顺安静、颜值惊人、个性独立，一直是人类宠物的最佳选择。

把猫咪当作宠物，首先要考虑好想养一只什么样的猫。从大方向来说，可以将猫咪分为公猫和母猫、纯种猫和混血猫、长毛猫和短毛猫等。猫的品种不同，其外貌特征和脾气秉性也各不相同。关于这点，书中做了详细的介绍。

接着，我们就要考虑如何养猫的问题了。养猫是一门学问，包括要了解猫的生活习惯、性格特点、行为特征以及健康喂养、疾病预防、日常洗护等相关常识。同时，养猫又是一个过程，从幼猫的培育、小猫的养护到成年猫的繁育，再到老猫的照顾，都需要主人的参与才能完成。

为了能和猫咪快乐和谐地相处，我们还有必要学习一些猫咪的日常护理和训练知识。相较于狗狗来说，猫咪的驯化可能要更具挑战性些，因为猫咪个性相对独立，不太会迎合人类的思想和管教。不过，只要有足够的耐心和技巧，完全可以将猫咪训练成听话、可爱、健康的小伙伴。书中关于这点也做了详细说明，如教猫咪如何听懂主人的呼唤，如何正确进食和排便等。

猫咪刚来到新主人家中时，可能有些不太习惯，会出现羞涩、恐惧心理，有躲避家人、对美食无动于衷的情况，对这一点不用过于担心，等猫咪对新环境熟悉后，就会很快活跃起来。它会偷偷跑出来吃食，"喵喵"地叫着向主人讨要食物，渐渐地，猫咪就会适应家里的生活习惯和节奏，和主人快乐和谐相处。和猫咪在一起的日子，有欢乐也有忧伤，有烦恼也有惊喜，有期待也有感动。总之，有猫咪陪伴的日子，让我们的生活不再单调，平添了几分亮丽的色彩和风景。

本书介绍了人类和猫咪相处需要具备的各方面的知识和技巧，从了解猫科动物的习性，到如何挑选合适的猫咪品种；从不同阶段如何与猫咪相处，到猫咪的健康喂养训练，以及猫咪疾病的预防和治疗等，可以说应有尽有。作为一本《选猫养猫全攻略》，就让我们陪你一起走进猫咪的世界，一起来照顾和陪伴可爱的猫咪，享受养猫的乐趣吧！

宠物图书编委会

2019 年 6 月

目 录

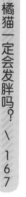

导读 1 认识猫的身体＋猫咪与人类寿命对比速查表

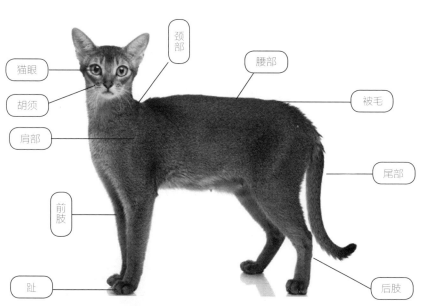

猫眼

胡须

肩部

前肢

趾

颈部

腰部

被毛

尾部

后肢

猫的身体结构图（阿比西尼亚短毛猫）

» 1. 认识猫科动物的身体

猫科动物的身体适合捕猎，骨架灵活、脊椎柔软，特别是肩胛骨与躯干骨骼并不相连，使得猫能轻易进入任何狭小的场所。

眼睛

能分辨灰、绿、蓝、黄等少数几种颜色，同时具有强大的夜视能力，只需微弱光便能觅食猎物。

耳朵

对高频率声音最敏感，可以转动 180°，精准定位声源方向。

鼻子

嗅觉灵敏，可判断食物能否食用。

牙齿

成年猫有 30 颗恒齿，用来撕裂而不是磨碎或咀嚼。幼猫 14 天开始长乳牙，4 ~ 6 个月进入换牙阶段。

舌头

舌面有千百个坚硬的突起物，可方便饮水、舔食、梳理被毛。

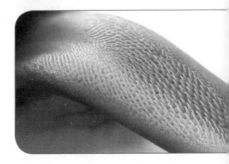

胡须

进化为触觉器官，根部布满神经，能灵敏地感觉气流、风向等轻微动静，从而避开障碍物。

尾巴

通过尾巴的姿态和动作能判断猫的情绪。

爪子

脚趾上弯曲的爪子能够伸缩。前肢有 5 趾，而后肢只有 4 趾。爪子有厚厚的肉垫，

使猫咪行走无声。

» 2. 猫咪与人类寿命对比速查表

一般猫的平均寿命约为15 岁，随着现代医疗水平的提高、猫咪生活环境的改善，喵星人的寿命得到极大提升，生存二十多年的老猫也越来越常见。猫咪的成长速度要比人类快很多，一般出生 18个月的猫便相当于成年人的年龄了，10 岁的猫咪已经进入老年阶段了。

猫咪年龄	人类年龄
1 个月	1 岁
2 个月	3 岁(猫咪该打预防针喽!)
3 个月	5 岁
8 个月	11 岁(可以给猫咪绝育了)
1 岁	13 岁
1 岁 3 个月	18 岁
1 岁 6 个月	22 岁
2 岁	24 岁
3 岁	28 岁(流浪猫的平均寿命)
4 岁	32 岁
5 岁	36 岁
6 岁	40 岁
7 岁	44 岁
8 岁	48 岁
9 岁	52 岁
10 岁	56 岁(猫咪进入老年)
11 岁	60 岁
12 岁	64 岁
13 岁	68 岁
14 岁	72 岁
15 岁	76 岁
16 岁	80 岁
17 岁	84 岁
18 岁	88 岁
19 岁	92 岁
20 岁	96 岁
21 岁	100 岁(稀有老寿星)

导读 2 家猫和它的亲戚们

☆所有猫科动物都是食肉动物——吃肉，靠植物无法生存。

☆老虎、狮子、猎豹都是家猫的亲戚。

☆所有的猫科动物都存在一种基因异常，无法尝到甜味。

» 1. 老虎

老虎和家猫都是猫科动物，虽然体型相差巨大，但仔细看，你会发现它们长得很像，习性也很像。

» 2. 薮猫

看上去像一头小型的猎豹，分布于非洲西部、中部和东部。主要栖息于大草原，常见于芦苇丛、沼泽地等潮湿环境中，主要以捕猎啮齿类的鼠为食。薮猫与家猫杂交，繁育出萨凡纳猫。

» 3. 狞猫

狞猫最著名的特征在于其长且尖，又有长长的黑色丛毛的耳朵，捕鸟技能极高，甚至可以抓到飞行中的鸟类。狞猫和家猫杂交，后代繁育出卡拉猫。

» 4. 美洲豹猫

外形看起来有点像豹子，体型比普通家猫大概要大三倍。善攀缘，栖息在森林或灌丛地带。皮毛珍贵，已濒临灭绝。

» **5. 短尾猫**

体型矮壮，适应能力极强。主要分布在北美洲，包括加拿大南部至墨西哥北部以及大部分的美国本土。

» **6. 猞猁**

外形像猫，但体型比猫大得多，是中型猛兽，已被列为国家二级保护动物。猞猁喜寒，栖居在寒冷的高山地带，独居、夜行、会游泳、以野兔为食。

» **7. 亚洲豹猫**

主要栖息于山地林区、郊野灌丛等地。由于栖息地被大面积破坏、乱捕滥杀等原因，已成为濒危动物。亚洲豹猫与家猫杂交繁育出孟加拉猫。

» 8. 丛林猫

善于奔跑、跳跃、游泳和捕鱼，喜栖息于芦苇丛和沼泽地。独居，以鼠类为食。

老虎　　薮猫　　狞猫　　美洲豹猫

» **9. 非洲野猫**

也称沙漠猫，分布于非洲和中东地区。非洲野猫与家猫基因构成最为相近，血缘最近。

» **10. 家猫**

家猫俗称猫咪，作为人类的伴生宠物，分布在世界各地（除南极洲）。

家猫的族谱

短尾猫　　　　猞猁　　　　　亚洲豹猫　　丛林猫　　非洲野猫　　家猫

导读 3 猫尾巴
会说话

1. 尾巴竖起，表示友善，愿意和你接触。

2. 笔直向上并颤抖、震动，表示欢乐、兴奋、想念主人。

3. 平放或低垂，表示一切正常、放松和平静。

4. 尾巴夹在腿部中间，表示驯服。

5. 背部弓起、尾巴上扬，表示准备进攻。

6. 尾巴被毛耸立，感觉受到威胁。

7. 猛烈摇动尾巴，表示很不开心，时刻准备攻击。

8. 捶击地板，表示沮丧和警告。

9. 弯成"N"形或贴地拂动，表明感觉到有威胁。

10. 尾巴左右拂动，表明有点生气和烦躁。

猫尾巴会说话

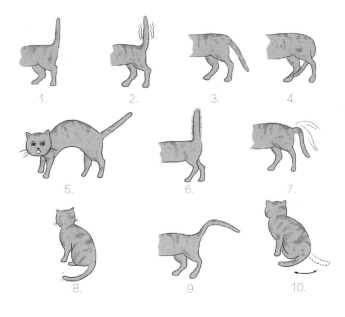

1.　　　　2.　　　　3.　　　　4.

5.　　　　6.　　　　7.

8.　　　　9.　　　　10.

导读 4 猫的神话形象

埃及守护女神芭丝特
猫在埃及是圣兽。埃及人认为,太阳所发出的生命之光在夜晚会被藏在猫眼里。芭丝特是埃及神话中的家庭保护神,猫首人身

古希腊神话中的月亮女神戴安娜
被称为猫儿之母。戴安娜曾经以猫形呈现,她的信徒便认为猫是戴安娜的圣兽。罗马人相信猫的眼睛甚至身体会随月亮盈亏发生变化

北欧神话
女神芙蕾雅,爱神、战神与魔法之神。在《芙蕾雅与猫和天使们》中,她驾着由两只猫拉的金车,在一群小天使的陪伴下寻遍天上人间,欲找到丈夫奥德

招财猫
自东京流传至日本各地,人赋予它招财进宝、带来好运的好寓意。它的原型是日本短尾猫

中国"九命猫"
传说猫有九条命。猫从高处跳下,能通过尾巴保持平衡,平安着地不容易摔伤

网红名猫

导读 5 网红名猫

	布偶猫 发源于美国，属杂交品种宠物猫，是现存体型最大、体重最重的猫之一。以美丽优雅的外貌和温顺好静的性格受人喜爱
	埃及猫 属中型短毛猫品种，皮肤和毛色上有豹一样的斑纹，被誉为"小型豹"。额头的眉宇间有个圣甲虫图案
	美国短毛猫 又称美洲短毛虎纹猫，属大型家猫品种，其体格魁梧、肌肉发达、聪明温顺、被毛厚密
	波斯猫 世界最常见长毛猫，其相貌极具魅力，被毛长且华丽，举止优雅迷人，有"猫中王子""王妃"之称，是人们最喜欢的纯种猫之一
	暹罗猫 世界著名短毛猫，原属宫廷贵族猫，适应性强、性格刚烈好动、好奇心强、善解人意

	加拿大无毛猫 又称斯芬克斯猫,属基因突变产生的宠物猫,全身无毛、皮肤多皱有弹性、性情温顺、独立性强
	苏格兰折耳猫 其耳部发生基因突变,患有先天骨科疾病,时常坐立,性情甜美、安静、喜欢与人为伴
	俄罗斯蓝猫 被誉为"冬天的精灵",体型修长苗条,耳朵大而直立,脚掌小而圆,被毛充满光泽,步态轻盈,具有高雅的气质
	金吉拉猫 金吉拉是最华丽的波斯猫,眼睛大而明亮,十分迷人,被毛泛着闪亮的银色光泽,性格温文尔雅,华丽高贵
	孟买猫 又称"小黑豹",性情温和、感情丰富、聪明伶俐、肌肉发达、行动超敏捷,一身乌黑发亮的绒毛充满野性魅力
	德文卷毛猫 德文卷毛猫,别名德文帝王猫,发现于1960年英国德文郡。卷毛猫的智商较高,能适应乘车旅行,高兴时会像狗一样摇尾巴,所以别名"卷毛狗"
	土耳其安哥拉猫 最古老的品种之一,在波斯猫出现前是最受欢迎的长毛猫,通常认为白色最纯正。其性格独立,喜欢水

ONE
了解猫科动物

在人们长期的认知中，猫科动物就是大自然中顶级掠食者的代号，但在动物学分类中，体型庞大、攻击力强的豹子、老虎、狮子和娇小可爱的猫都属于猫科动物，用人类的习惯称呼它们则是同族兄弟。

猫因为颜值惊人、个性独立，深受人类喜爱，被当作重要的家庭宠物之一。但乖巧的猫咪并非天生如此驯服，最初，它们是由于捕鼠的本领和人类亲密接触起来的。虽然埃及人早早将猫驯养为宠物，但直到 19 世纪晚期，大量品种的猫才被人们繁育出来，并广受欢迎。

猫科动物的进化史

通过化石研究，我们知道在五千多万年前的始新世时期，猫科动物就已经出现了，在那个物竞天择、适者生存的远古时代，人类还没有出现。面对危机四伏的自然环境和匮乏的食物，猫科动物们选择捕猎，在一次次你死我活的捕猎过程中，它们的行动逐渐变得更加敏捷，攻击力也变得更强。

猫科动物的整体形态是相似的：柔软的脊柱可以帮助身体最大程度扭动，在捕猎过程中大大增加了灵活性；修长的前肢和健壮的后肢可以帮助它们最大程度奔跑、跳跃和攀爬；锋利的尖爪在捕猎过程中像弹簧一样弹出，在必要时刻给予猎物最致命的一击；就连细长的尾巴都是不容小觑的，长尾的存在可以帮助猫科动物在奔跑时保持平衡，在战斗中给予敌人像钢鞭一样的重重一击。

猫科动物身上的各个部位都具有强烈的威胁性，这使得它们在恐龙灭绝的很长一段时间里一直处于食物链的最顶端，并且像病毒蔓延般占领了世界的各个角落，当然环境恶劣的南极洲除外。我们现在已知的就有盘踞在非洲草原的狮子群、位居高原高寒地带的雪豹、占领亚马逊流域的美洲虎和处于热带雨林的各种老虎，它们都是猫科家族的一员。

最早的猫亚科动物出现在大约 940 万年前，是在亚洲产生的亚洲金猫谱系，这些猫科动物现在主要生活在中国与印度的边界、中国与缅甸的交界和东南亚等地区。大约在 670 万年前，生活在北美洲的猫科动物进化出了美洲金猫谱系，这一谱系分化出了美洲猎豹属和美洲金猫属两个种类。其中美洲金猫属中的一部分，例如美洲狮和细腰猫等，进入南美洲并且延续至今，美洲猎豹中的一部分进入旧大陆（哥伦布发现新大陆以前，非洲、亚洲和欧洲的统称）生活，它们是现在非洲猎豹和亚洲猎豹的祖先。大约在620万年前，北美洲产生了新的谱系——豹猫谱系，它们和猎豹以及美洲金猫谱系的祖先一起进入旧大陆。

大约在340万年前，回到旧大陆的猫谱系祖先中的一部分猫，从它们的原始族群中脱离了出来，并且迅速扩张到了非洲的大部分地区和亚欧大陆，脱离出来的这部分猫谱系中的一支名叫亚洲野猫的猫科动物，在1.8万年前就被以色列等周边地区的人类驯化，并且帮助人类捕捉啃食粮食的鼠类等动物。这支亚洲野猫的动物们就是现在家猫的祖先。

据有关科学研究，猫科动物的繁衍相对分散，它们喜好独居的特性有可能取决于他们对食物的要求和需求。众所周知，不论哪一种猫科动物对肉食的痴迷总是坚定不移的，它们几乎做到了无肉不食和无肉不欢，就连可爱的猫都是以肉食为主，这可能就是所有猫科动物最大的相似点了。

肉食容易消化且富含脂肪和蛋白质，能够满足猫科动物日常较大的消耗。在电视节目中我们常常可以看到,在猫科动物成功捕猎后,哪怕筋疲力尽也总会将它的猎物搬运到树上或草丛等较为隐蔽的地方才会食用,它这么做应该有两个方面的原因:一个原因可能是猫科动物对蛋白质的需求比其他科的动物要多好几倍,需要一个不容易被打扰的地方来安静地进食;另一个原因可能是成功捕猎后的猫科动物在防备它的"同族兄弟姐妹们"或者其他的肉食动物,为了避免食物被掠夺和保护自己的生命安全,它们会选择将食物放在较为隐蔽的地方。

猫科动物就这样占据食物链霸主的地位几千万年,直到400多万年前人类的出现。我们猜测:猫科动物的进化史是否和人类息息相关?在食物匮乏、资源短缺的远古时代,人类还没有捕猎工具,狩猎技巧不足,相比拥有高效捕猎能力的猫科动物,相差可不是一点半点。运气差的人甚至会成为大型猫科动物填饱肚子的食物。

就这样经过几百万年的进化与蜕变,面对龇牙咧嘴的大型猫科动物,人类逐渐开始有了抵御和反抗危险的能力和经验,很少会像最初一样被大型猫科动物吓得落荒而逃甚至被开膛破肚作为美味。

伴随着人类族群的不断壮大、人口数量的不断增长和捕猎工具的进步，人们开始学习开垦良田和抓捕大大小小的猎物。人类的猎杀行为，减少了大型猫科动物的食物来源，人类和猫科动物在这一时期属于生存资源的竞争者。通过多次大大小小的争夺和对峙，人类有了与它们一争高下的资本，甚至运用"围剿"方法，在斗争中逐渐趋于上风。

大部分猫科动物不同于人类，不喜欢聚居并且领土意识极为强烈，它们喜欢独来独往，黑暗的夜间是它们亢奋的时刻，昏暗的环境是它们狂欢的乐园。我们不禁好奇，在艰苦的自然环境中拥有高效抓捕能力的猫科动物，是怎么样成为了我们家庭的一份子？甚至让我们心甘情愿成为"猫奴"了呢？

在约公元前 7000 年前，人类开始和猫科动物建立互惠互利的关系。当时由于种植业发达，农业兴旺，几乎每家每户都有储存粮食的区域，为小型啮齿动物提供了安逸的生存环境，例如老鼠。这些小型啮齿动物无孔不入，但却是小型野猫的最佳猎物，于是人和猫科动物的互惠互利开始了。小型野猫通过抓捕老鼠可以获得丰富的食物，而人类减少了小型啮齿动物糟蹋粮食的困扰。野猫在消灭了烦人的啮齿动物后，人类有时会送给它们一些食物，甚至它们会受到人类的赞赏和鼓励。

就这样，一部分易于驯服的野猫被大家逐渐接受，于是就产生了最早的半驯化猫群体。

有研究发现，现在的家猫可以认为有很大可能是遍布在南亚、非洲和欧洲的小型野猫的后裔，在这片宽阔广袤的土地上，逐渐演变出了无数个野猫的亚种群。它们根据当地气候的不同和环境的差异，外观也有所区别。例如生活在寒冷北方的野猫有着厚厚的皮毛和粗壮的身躯；生活在温暖南方的野猫身躯娇小，皮毛上还有好看的斑点；非洲野猫则是身材匀称，有着修长的四肢和长长的耳朵。

从世界范围来观察猫的驯养史，应该不会早于公元前七千年。但在公元前九千年前以色列的一处新石器时代遗址中发现过猫的残骸，在四千年前巴基斯坦的印度河遗址中也曾发现过猫的残骸，甚至在地中海的塞浦路斯岛上同时发现了八千年前的老鼠和猫的残骸。研究人员在埃及曾经发现了三四千年前关于猫存在的痕迹，埃及人则把猫的形象雕刻了下来。

狸奴与猫

在中国传统文化中，猫是"腊祭八神"之一。有学者认为，中国开始训猫养猫的时间大约在两千多年前。当然,最初养猫的原因还是看重猫抓捕猎物的能力。

直到中国唐宋时期,也就是一千三百多年前,人们才淡化了猫的狩猎功能,使它重新走进人们的日常生活中,逐渐成为可以给予人们陪伴的宠物。从唐宋时期开始,人们对猫的喜爱就一直延续至今。更有趣的是,猫被人给予"狸奴"的称号,可见人们对猫的喜爱和猫的通灵之处。可是狸和猫究竟有什么不同呢? 为什么人们称猫为狸奴?

明朝末年张自烈在《正字通》中明确指出:"家猫为猫,野猫为狸。"近代的尚秉和也在《历代社会风俗事物考》这本书中明确指出,狸和猫性情不同,前者凶狠,后者温顺。他认为性情不同的两种动物,是汉代逐渐废狸而养猫的主要原因。

在长沙马王堆中出土的文物中,也有猫的身影。我们发现其中总共刻画了 39 只猫的形象。这些猫尾巴修长、身体浑圆,圆形的脑袋和眼睛格外讨人喜欢。文物上刻画的猫的形象温顺可爱,应该是被驯化之后饲养的家猫,这些家猫不仅有抓捕老鼠的能力还是人们的宠物。

在宋代诗人陆游的作品中,不乏出现猫的身影,他写下很多关于猫的诗歌。当时不仅有人写猫、画猫,还有人相猫。其实西汉的刘向就曾在《说苑》中写道:"骐骥碌骍,倚衡负轭而趋，一日千里，此至疾也，然使捕鼠，曾不如百钱之狸。"大概意思就是说花百钱就可以在集市上面买一只捕鼠用的狸猫，这句话从侧面证明了养猫和用猫捕鼠在当时是一件很常见的事情了。

不管猫和狸的性情如何，人们驯养它们的主要目的还是抓捕老鼠。从唐宋开始，驯养家猫就是一种较为普遍的现象了。

陆游曾经在《嘲畜猫》中慨叹道："但思鱼餍足，不顾鼠纵横。"在《岁未尽前数日偶题长句》中也提道："榖贱窥篱无狗盗，夜长暖足有狸奴。"大概意思就是说，陆游在晚上睡觉的时候，需要猫来暖脚才能睡着，可见那时候猫和人们的生活就已经密切相关了。

猫一直深受喜爱可能是因为猫可以与人沟通，一般不会主动攻击和杀死主人；猫的寿命较长，不会轻易死亡，主人的情感可以得到寄托；猫的体型较小，不会占用太多的食物资源并且没有太大的异味；猫还有看家和捕鼠的能力，在生活中有实用价值。

就这样，被戏称为"狸奴"的家猫一直被人们喜爱，同时作为宠物一直延续至今。

　　无论猫的外貌差异有多明显，个头大小的差距有多大，我们总会在第一时间就能准确判断出这是一只猫。那么猫的生理特征都有些什么呢？我们从八个方面来重新认识一下猫。

缅因猫——乳黄色标准虎斑猫

脸型

　　猫有三种基本脸形，方脸、圆脸和楔形脸。方脸猫咪长着圆圆的头颅和长方形的身型，身体健壮结实，耳朵大，耳间距稍宽，直立在头两侧。方脸猫咪性格外向，对人热情，喜欢取悦于人，常依偎在主人身旁，如缅因猫。

圆脸猫咪最多，头部较圆，拥有大大的眼睛和圆圆的身体，有的鼻子较平，所以有时会出现呼吸障碍。相对来说，圆脸猫的耳朵比方脸猫小，耳间距宽，耳位低，如美国短毛猫、波斯猫等。圆脸猫咪性格胆小、顺从、不容易相信人。

美国短毛猫

楔形猫咪是很多人喜欢的宠物，其脸部呈三角形，耳朵大而尖，比方脸猫和圆脸猫耳间距都要窄，体型瘦长，皮毛光滑，其行动敏捷、头脑聪明、有强烈的好奇心，如暹罗猫、柯尼斯卷毛猫等。

猫眼

猫的眼睛形状和颜色各不相同，但所有的猫眼都有一个特点，那就是夜视能力都很强。猫眼以

暹罗猫

橙色、绿色和蓝色为主要色调。常见的猫的眼睛有四种,分别是杏仁状蓝色眼睛、金色圆眼、绿色斜眼和圆形双色眼睛。双色的眼睛是指左右两只眼睛的颜色不同,通常情况下是一只蓝色的眼睛搭配一只橙色的或者是绿色的眼睛。波斯猫就拥有圆圆的眼睛,缅因猫的眼睛则是稍微倾斜的。

牙齿

猫的牙齿分为门齿、犬齿和臼齿,它们的长度和用处各不相同。门齿是最不发达的,适合用来叼住物体,长在两侧的臼齿则是用来撕扯、分割肉食,犬齿尖锐如锥,通常用来抓紧猎物和刺穿猎物。我们可以根据猫牙齿的数量来判断猫的年龄,一只成年猫的牙齿数量是 30 颗,幼年猫的牙齿只有 26 颗,出生 14 天左右的猫就已经开始长牙了。

鼻子

猫的鼻子处于无毛区,颜色通常和身上被毛的颜色一致。猫的嗅觉比人类的嗅觉灵敏 40 多倍,猫不仅可以利用自己的嗅觉锁定敌人和猎物、和周围的猫朋友打招呼,还能刺激吃饭的食欲和界定自己的领地。观察猫鼻头的湿润程度是简单判断猫是否健康的途径之一。通常情况下健康猫的鼻头是湿润的，干燥的鼻头可能是生病了，也可能是周围环境的温度和湿度造成的，需要主人认真判断和观察。

舌头

猫的舌头和狗的舌头有很大区别，猫舌上有许许多多乳突构造，像是布满了倒刺一样。猫舌头上的倒刺可以在猫进食的时候，帮助猫把骨头上的肉刮下来，帮助猫更好地进食；

猫舌头上的倒刺

猫舌上的倒刺还能在猫舔毛的时候，把被毛上的灰尘和掉落下的毛清理下来；在猫喝水的时候，舌头上的倒刺会像汤匙一样，轻松地把水舀起来，帮助猫更快地喝水。猫的舌头害怕吃温度高的东西，年老的猫感官会逐渐迟钝，这时就不会怕烫了。

肉垫

猫脚部的肉垫比其他表面的皮肤要更厚一点，这确保猫在捕猎的时候不会发出什么声响吓跑猎物，能够使猫悄无声息地对猎物发起攻击。猫喜欢待在高的地方，当猫一跃而下的时候，肉垫就可以起到减震的作用，帮助猫安全着地。肉垫是猫身上汗腺发达的皮肤，能帮助猫降温排汗，通常情况下肉垫是凉凉的，如果猫的肉垫变烫，就说明猫发烧生病了。猫的肉垫还是爪子的保护器，猫在休息的时候，会把爪子缩进肉垫里，防止爪子被磨损。

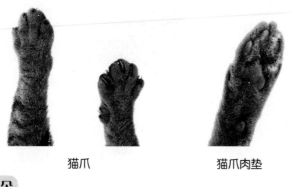

猫爪　　　　　　　　　猫爪肉垫

耳朵

　　猫的耳朵根据耳型可分为尖耳、圆耳、卷耳和折耳四种。卷耳是猫的耳朵从面部向头骨的后部卷起，典型的卷耳猫有美国卷耳猫；折耳是在猫耳部软骨处的褶皱使猫的耳朵向面部折起，典型的折耳猫有苏格兰折耳猫；尖耳和圆耳是猫耳的顶部一个呈尖状，一个呈圆状，典型的拥有尖耳的猫有安哥拉猫，拥有圆耳的猫有阿比西尼亚猫和英国短毛猫。

卷耳（美国卷耳猫）

折耳（苏格兰折耳猫）

尖耳（安哥拉猫）

圆耳（阿比西尼亚猫）

胡须

猫的胡须宽度和身体的宽度大概是一样的，胡须可以充当尺子的作用，当猫想要通过某个通道的时候，胡须不会折弯，说明猫是可以成功且顺利通过的。猫不仅在面部有须，前肢腕处也有粗粗的须，在猫抓住猎物的时候，它能够帮助猫判断猎物是否还活着。猫胡须的根部长得很深，能够深入皮肤且充满神经末梢，胡须就像一个导航仪，可以帮助猫在黑暗中避开所有的障碍物，甚至可以帮助猫判断气流方向。

★ 专题　认识纯种猫

　　每一种动物的存在都是大自然精心设计的结果，猫身上的颜色图案、毛发的长短有无、耳朵的高低形态都各不相同，这些变化来自神奇的基因。如果没有人类刻意地将它们交配繁衍、悉心保护，这些猫身上珍贵的特征就会逐渐消退，直至消失。猫根据血统可以分为两类，一种是纯种猫，偏向一个血统的猫；另一种是混血猫，由两种或者两种以上血统构成的猫。

　　纯种猫通常指的是在纯种猫登记机构里经过注册的猫。根据被登记在册的猫的信息，时间往上追溯，至少五代家族成员的信息也同样被登记，可以轻易查询到该猫的祖父祖母是谁。如果这只猫只是外表和纯种猫很像，但在纯种猫登记机构中，没有该猫的家族成员信息，那么它就不是纯种猫。国际爱猫联合会（CFA）在成立以来，只肯定了42种血统的纯种猫。

　　举个简单的例子，如果两只美国短毛猫交配产下一只美国短毛猫，这只美国短毛猫不一定是纯种猫，尽管它的父母都是美国短毛猫。因为我们无法证明，该猫祖上五代都是什么血统的猫，可能它的爷爷的妈妈是和别的品种猫交配才产下它的爷爷，虽然它的样子和美国短毛猫长得相似，但它仍然不能算是一只纯种猫。

很多非纯种猫在繁衍下一代的时候，总是两种不同种类的猫在交配，通过基因的重组和改变，产生新的猫种类，这种猫的基因状态和脾气性格人们无法准确猜测，通过很多年的繁殖，它们会把其中的基因取其精华、去其糟粕，逐渐留下最好的一部分，从而使其性格和外貌等各方面趋于稳定，有了独立的特征，成为新的独立品种。繁育家们向国际爱猫联合会提出申请，专业人员观察研究后，投票决定新品种的猫是否可以登记注册为新的纯种猫。可见，纯种猫的培育需要花费较多的时间和精力，这也是纯种猫价格昂贵、数量稀少的原因。

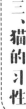

三、猫的习性

很多时候,猫都是随心所欲的,开心的时候愿意黏在你身边,不开心的时候看都不会看你一眼。不仅"翻脸无情"是猫特有的性格,主人在和猫相处的过程中,还需要知道很多猫与生俱来的习性和"小怪癖"。

贪睡

猫被称为动物界的冠军级瞌睡虫,猫的睡眠时间大概是人类的两倍左右,它们每天平均要睡 17~18 小时,猫的一生有 2/3 的时间都在睡觉。猫可以在各种时间、各种地点,以各种姿势想睡就睡。

猫的睡眠可分为两种:一种是深度睡眠,你会看到猫唯一的动作就是安静地一起一伏地呼吸,这时猫的肌肉和骨骼开始再生，免疫系统发挥抵御疾病的作用，猫每天的深度睡眠时间不到 4 小时；另一种是浅度睡眠，这时猫还保持着警惕性，并且会做梦。当你看到猫的眼睛在不停转动，胡须也在不停抖动且四肢时不时抽动时，猫一定是在做梦。猫做梦时会发出鸣叫，这是猫在说梦话。猫在做噩梦的时候，也会被吓得赶紧睁开眼睛。

专家研究后发现，猫的睡眠会分为很多次，它们和人类不同，不会在晚上集中睡眠，它们不论什么时候都会找到一个舒适的地方来打盹儿。猫的睡眠时间会根据情况的不同而发生改变。例如，将猫和狗狗放在同一个空间之内，猫就会时刻保持警惕直到筋疲力尽才会睡觉，这就大大减少了猫睡觉的时间。又如，年幼的猫或者正处在成长阶段的猫，它们的睡眠时间会比成年猫的睡眠时间更多、更长，这是因为处于幼年期的猫身体骨骼和肌肉正在发展，睡觉是长身体最好的途径之一。

现在被我们奉为"主子"的猫，摆脱了居无定所的生活和面对天敌的生存压力，作为"猫奴"的我们会尽可能给它们营造一种更舒适和安心的生活环境。夏天可以准备通风且凉爽的地方，冬天可以准备温暖有阳光的地方，让猫可以更加舒适地休息。

爱干净

自古以来，猫就有"爱干净"的美名，这是因为猫不管何时何地总是会把自己舔得干干净净，故而绝大部分人认为猫是很爱干净的，但主人在给猫洗澡的时候，猫却总是很抗拒，很多主人会因此而头疼。实际上，猫喜欢舔自己，并不是爱干净而是有别的原因。

猫的毛发总是光滑而发亮的，甚至不会轻易被水打湿，这是因为猫在舔毛发的时候，唾液不仅会刺激皮脂腺的分泌，还能舔食到较为少量的维生素，这些维生素会促进猫骨骼的正常发育。

在猫处于脱毛时期，它不仅会通过抓和咬自己的毛发来保持身体的健康，还能防止像跳蚤这类的寄生虫隐藏在毛发中。猫通过舔自己的毛发，还能促进新毛发的生长。

猫的汗腺不发达，在玩耍或者追击猎物等剧烈运动之后总会看到猫在认真地梳理毛发。这是因为猫不能靠出汗来散发热量，也不能蒸发掉体内多余的水分，只能通过将自己的唾液涂抹到毛发上，唾液蒸发可以带走猫体内多余的热量，被舔后的蓬松的毛，同样可以帮助猫进行散热。

猫一般不会随地大小便，每次排便后它会将排泄物用土掩盖,这个习惯是从猫的祖先时期流传下来的。猫的祖先虽然擅长狩猎,但面对比它强大的对手还是会束手无策,为了防止它的敌人通过粪便的气味发现它并且追赶它,猫祖先总会小心地将自己的粪便掩盖起来,这一习惯就逐渐传给了它的子孙后代。

不爱洗澡

猫会时时刻刻把自己的毛发舔得干净且光滑,但为什么猫在洗澡的时候会很抗拒呢? 原因要说到很久很久以前家猫的重要祖先——非洲野猫身上了。非洲野猫来自北非的沙漠戈壁地带,因地形的独特故而没有机会能够经常接触到水,常年不接触水养成了猫不了解水甚至害怕水的性格。沙漠中生长的猫,它们的洗澡方法就是在沙子里来来回回翻滚上几遍。

家猫不爱洗澡除了历史和遗传的因素之外,还有可能是因为主人的饲养习惯出现了问题。当给幼小的猫洗澡时,主人的行为太过拖沓,耗费的时间较为冗长,让猫感觉到不舒服的时候,猫就会对洗澡产生心理阴影,从而对水产生畏惧和害怕的心理。这就导致了猫长大后不愿意洗澡,不喜欢玩水。

如果想改掉猫害怕水的习惯,帮助猫克服对水的恐惧,主人就要从小训练猫和水接触,当然不能强迫猫去喜欢水,而应该慢慢引导、循序渐进。在给猫洗澡时，应尽量做到力道轻柔，有耐心地引导猫直面水，不要让它产生害怕的感觉。只要耐心地长期陪伴它，猫一定不会再继续害怕水、害怕洗澡了。

恋家

"猫恋家，狗恋人"这句话是从老一辈口中传下来的。无论主人贫穷还是富有，狗一生都会追随主人，不离不弃。野猫喜欢独来独往，放荡不羁爱自由，可家猫不是。

在一些养猫的人家里，主人习惯喂给猫一些剩菜和剩饭来作为猫的食物。对猫来说，尽管体型较小，但它仍然是一种肉食动物，剩菜剩饭中的营养不足以维持猫的日常需求，所以猫经常会在家里或者在家的周围去捕捉老鼠，从而达到填饱肚子和维持能量的目的。

对主人来说，猫抓老鼠的行为能使粮食不受到侵害；对于猫来说，家里和家的周围就是属于自己的狩猎场。如果主人搬到了附近不远的地方，猫不会跟随主人离开，反而为了确保自己能够捕捉到猎物，会停留在自己原有的狩猎场，这是"猫恋家"的主要原因。当人们搬家到很远的地方，猫回不到旧家后，就会重新审视周围，建立起属于自己的新地盘。

主人搬家后，为了防止猫逃跑，也为了让猫更好地熟悉周围的环境，最好将猫先关在笼子里一周左右，给它充足的时间适应新的环境。搬家后，小猫原来的猫窝、便盆、玩具和吃饭的各类器具最好不要马上更换，旧的物品上残留着猫自己的气味，猫闻到自己的味道之后，会对新环境适应得更快。

攀爬

喜欢攀爬是猫给人的第一印象。如果你的家里养着好几只猫，你就能发现它们经常会争夺家中的最高点，因为最高点代表着在猫群中处于绝对的领导地位，拥有最高点就代表着它在整个猫群中是拥有最大权力的猫。

猫喜欢攀爬这个习性同样继承自祖先。"站得越高，看得越远"这个道理，猫很早以前就懂了。它们经常选择站在位置较高的地方，那样就可以拥有开阔的视野，观察很远之外的事物，比如避免其他动物的捕猎，让自己在自然界中存活得更久。

猫喜欢攀爬的原因不止如此，家里冰箱的上方和橱柜的上方这些地方，一般与暖气的出风口相邻，猫为了取暖，喜欢并且愿意待在它们觉得温暖的地方。

喝马桶里的水

有的猫在家里对水碗里的水不屑一顾，却喜欢悄悄跑到厕所喝马桶里的水。马桶里的水不仅有除垢剂、管道疏通剂和人体排泄物的细菌，还可能有清新剂等物质，这些含有化学物质的试剂多多少少会残留在马桶中，如果猫经常喝马桶里的水，对它的身体健康各方面都是极其不利的。

猫为什么会喜欢喝厕所的水呢？原因可能有两个。第一种原因是在猫眼中，可以流动的水都是较为新鲜的水，马桶里刚冲进来的水含氧量可能更高，容易受到猫的喜爱。家中的水都是经过净化和处理等一系列步骤之后的水，水中可能含有一些奇怪的味道，猫不会喜欢。有的水碗中的水可能在家中放置时间过久，没有新水新鲜，甚至对猫来说可能有点变味，这是猫喜欢喝马桶水的原因之一。

第二个原因是无所事事的猫很无聊，主人没有时间陪它玩耍，没有能够吸引猫注意力的玩具，而马桶冲水时出现的漩涡会吸引猫的目光，所以猫会对马桶里的水充满好奇，聪明的猫还学会了自己冲马桶。

想要改掉猫喝马桶水的习惯，首先要确保马桶的盖子是关好的、厕所的门是紧闭的，从根本上断绝猫接触马桶水的机会。其次要经常更换猫水碗里的水，在给猫换水的同时，切记要清洗干净猫的水碗，新鲜的水和干净的水碗对猫的吸引力是巨大的。主人应尽量每天多抽出一些时间来陪伴猫玩耍，用新的玩具来吸引猫的注意力，从而减少猫对马桶的好奇心。

钻进狭窄的箱子里

你经常会发现，无论是大箱子还是小箱子，无论是放在桌上还是放在书柜上，只要猫看见了，很快就会将之据为己有，猫无时无刻不在表达它对箱子深沉的爱。猫喜欢钻狭窄箱子的原因有很多。

猫的祖先生活的地方远没有家猫生活得舒适和安逸，为了躲避和防止其他敌人对它的抓捕，猫会选择待在树洞或者石头的缝隙里睡觉。这是因为猫的身体构造使它可以轻松钻进比它身体小很多的山洞，而其他动物尤其是大型动物是做不到像猫一样钻进去的。狭小的空间可以带给猫别样的安全感，"害怕就躲"这种基因就一直流传了下来。

天冷的时候，猫会选择抛弃昂贵的猫窝，钻进箱子里。这是因为箱子是隔热材料，猫蜷缩在箱子里产生的热量不会轻易消散，可以帮助它们更好地保暖，维持身体表面的温度。此时猫窝的保暖功能就远远低于纸箱子了。

在和主人玩游戏的时候,猫同样喜欢钻进箱子里。在猫的眼中, 箱子是充满安全感和神秘感的, 待在箱子里猫的状态是悠闲而放松的。和主人玩儿捉迷藏的时候,猫首先选择的就是最能带给它安全感的箱子。

对猫来说,箱子是一种既能保暖又有安全感的东西,所以箱子是猫最喜爱的东西这件事是毋庸置疑的。

埋藏食物

在投喂猫的时候, 我们有时会看到这样一种现象, 猫会把自己的食物用沙子或者是自己的便便埋藏起来, 这让主人很是恼火,但你清楚猫为什么要埋藏食物吗?

第一种原因是为了掩盖自己不喜欢或者讨厌的味道。当主人给的食物有猫不喜欢的味道, 猫就会在那种食物的旁边用两只爪子努力划拉, 或者直接在那种食物上排出便便, 借此来掩盖这种不喜欢的味道。

第二种原因是为了保存食物。最初猫的祖先狩猎食物较为不易, 它们会将吃不完剩下的小块食物用沙子掩埋隐藏, 大块的食物藏在树上, 避免下一顿因没有食物而挨饿的情况发生。猫埋藏食物的习惯就这样一代代传了下来。家猫埋藏食物可能是因为这份食物还不错，但是现在吃饱了，吃不下这份好吃的食物，所以想藏好不想被别的猫偷吃。

想要改正猫埋藏食物的习惯，首先要给猫养成定时、定点吃饭的习惯，避免多次投喂食物而发生埋藏的情况；其次要多陪猫玩耍和运动，猫的能量消耗大，就会选择吃饭来补充能量；最后，在猫已经吃饱饭之后，不要过量投喂猫，要做到适量。通过主人慢慢引导，猫一定会改掉埋藏食物这个习惯的。

带给主人"礼物"

猫和狗表达喜爱的方式不同，当狗不停围在你的身边或者扑到你身上的时候，你能清楚地知道这是狗在表达对你的喜爱之情，但猫不同。猫每天总是会端着一张面无表情的脸，不会像狗一样腻歪在你身边，但你要怎么知道猫其实是喜欢你的呢？如果猫经常给你带来礼物，那就说明它一定非常喜欢你。

给主人送"礼物"就是猫在从侧面表达它对你的爱。在猫眼中，主人是一种不会狩猎且没有灵活身手的人，如果主人长期待在家不出门或者不经常带吃的食物回家的话，猫担心主人挨饿，会自发地出门狩猎并且会送到主人眼前喂养，这也是为什么有的人说他家的猫会经常带死掉的老鼠或蛇回家的原因之一。

猫会给主人送"礼物"的另一个原因是它已经认可了这个家。猫有着与生俱来的狩猎能力，对猎物有着天生的执着，对猫来说家是最安全的地方，如果猫把猎物带回家，证明猫对这个家是有着依赖和信任的，它愿意和主人分享它的胜利和食物。

虽然猫给主人带"礼物"回家是一种温馨又暖心的举动，有些感性的猫主人为了收获猫给予的爱，有时还会鼓励猫的外出狩猎行为，殊不知这个行动背后隐藏着危险。外出的猫很有可能会抓到服了老鼠药的死老鼠、河里被水污染毒死的鱼和其他带了寄生虫的动物，可想而知猫如果吃了这些猎物后极可能会生病。

如果你的猫会带"礼物"给你，不管是什么东西，第一时间千万不要表达出对这个猎物的不满和厌恶，更不要当着猫的面扔掉。如果你这样做了，猫可能觉得你不喜欢这份礼物，下次会带更大的猎物回家。扔猎物的时候记得不要让猫看到，要经常陪猫玩耍，帮助它发泄多余的精力，这样就能减少猫出门的次数，间接地改变猫给主人带"礼物"的习惯。

捕猎时"玩弄"猎物

主人常有这样的疑惑，在刚投喂完猫之后，猫转眼就会去捕捉天上的小鸟或者地上的老鼠。这并不代表猫没有吃饱，相反，在猫看来，这是一种游戏，是经常在捕猎的时候沉迷的和猎物"抓了又放"和"抓了慢慢打"的游戏。

我们知道，在捕猎过程中"玩弄"猎物的猫通常是家猫而不是野猫，这是因为野猫对食物有强烈的需求，一旦捕捉到猎物，立刻就想将它们吞进腹中补充能量。但家猫不是，家猫丰衣足食，不会为吃了上顿没下顿而发愁，所以在捕捉到猎物后才会有时间和精力与猎物"玩游戏"。

猫玩"抓了又放"这种游戏，归根结底是因为猫舍不得结束这段追捕的行动。现代生活街道整洁、环境清幽，在人类的大力整治处理下老鼠这类动物已经很少见了。没有狩猎活动，这对于被称为天生捕猎者的猫来说，无疑是一个巨大的打击。当猫偶尔抓到小鸟或者老鼠时，它们会想方设法地延长这段捕猎的时间，一下一下挑逗猎物直至它们死亡，于是就出现了"玩弄"猎物这样的情况。

猫玩"抓了慢慢打"这种游戏，实际上是一种不自信的表现。有的老鼠在濒临死亡的时候会伸出自己的爪子或者张开自己的嘴用牙对猫进行最后的重重一击。猫为了不受到攻击，选择用拍打和抛掷的方式对老鼠进行接二连三的攻击，直到把老鼠折腾得晕头转向或者身受重伤的时候，猫认真观察情况后才会凑近猎物，对它发动最致命的一击，最后吃掉猎物。这种"戏弄"的狩猎方法通常会出现在捕猎技术不成熟的家猫身上。

主人在看到猫"玩弄"猎物的时候，认真观察一番就能判断它到底是捕猎技术生疏还是想延长捕猎时间。

离家出走

很多人应该经历过或者听说过，有的猫会隔三差五地离家出走，有时当晚回家，有时隔几天回家，更有甚者，之后再也没有回过家。你知道猫经常离家出走的原因吗？

猫离家出走最常见的原因是为爱私奔，通俗地说就是猫发情了，它们选择离家出门去寻找交配的对象。如果你饲养的是母猫，它会在发情结束后拖着怀孕的身躯重新回到家，在你不注意的时候，家中就会多出几只小小的猫。虽然其中有些猫在交配完后会选择回家，但也有一些猫再也不会回家了。为了避免猫因为发情而离家出走，很多猫主人会带猫做绝育手术，这样不仅可以阻止猫发情，还能减少疾病的发生。

猫离家出走的另一种原因是家庭暴力。猫的天性是自由且敏感的，如果主人因为猫不听话或者搞破坏就经常打骂猫、体罚猫，猫会记仇，会变得心灰意冷并且不再相信自己的主人，主人会越来越难接近自己的猫，猫从心底里抵触主人，一旦有机会它就会彻底离开这个给它带来不快乐的地方。因为这个原因离开的猫，绝大多数情况下是不会重新回家的。

猫离家出走也可能不是自己的本意，而是太迷糊忘记回家的路怎么走了。一旦猫到了环境复杂的地方，很有可能是找不到回家的路的。它们沿途标记的信息很可能会被破坏，例如洒水车就能轻易地把猫留下的气味清除。猫爱自由、好奇心强，一不小心就会越走越远，当它们找不到回家的路时，就会在新的环境中找到新的生存方式。

最让人难过的原因是猫永远地离开了这个世界。伴随着现代化发展，车流越来越多，猫出去玩儿的时候，可能因为司机的不注意，猫遇到了交通意外，再也没有办法回家。还有一种说法，猫有能够预感到自己什么时候离开这个世界的功能，当这种情况发生的时候，猫会选择离家出走，找一个安静的地方等待死亡。它不愿意让主人看到自己濒临死亡的样子。

如果你的猫离家出走了，记得在家门口放一些它喜欢吃的食物，在家附近努力找找它，贴张"寻猫启事"让更多的人帮助你。

ONE

装死

生活在自然界中的动物，大部分都有装死的本事，这是当它们在遇到危险或者无法逃脱的时候，使用的保命一招，用装死来欺骗敌人，获得死里逃生的机会。猫也会装死。

猫在遇到危险或者强烈刺激的时候，它们的身体会分泌出一种麻痹神经的物质，这种物质能轻易使它们晕厥麻痹。当你看到你的猫四脚朝天地躺着，嘴巴张开一动不动，眼睛紧闭不睁，没有平时睡觉发出的呼噜声时，你最好仔细分辨一下，看猫是在睡觉还是已经晕厥了。

当猫装死后，不要惊慌失措，因为无论你怎么叫都是叫不醒它们的。主人可以选择轻轻地抚摸它们的身体，猫感受到一定的安全感后会慢慢自己睁开眼睛。如果猫装死后好几个小时都没有醒来，主人要及时将猫送往宠物医院，以防更严重的事情发生。

洗脸

经常能看到猫在吃完饭后，选择一个舒适安静的角落，开始清洁脸部和身体。猫最先清洁的地方是脸部的胡须，由于猫没有办法直接舔到自己的脸，只能通过前爪来协助洗脸了。

猫首先伸出前爪，用唾液充分浸湿后，先反复地擦干净两边的胡须，然后再用湿润的爪子均匀涂抹脸部，认真地将脸部和胡须上的污垢清除干净。

猫喜欢洗脸的其中一个原因是脸部的胡须是猫重要的触觉器官之一，如果吃完饭后不及时清洁胡须和脸部可能会使猫的触觉变得不灵敏，甚至是迟钝。保持触觉的灵敏，这也是猫为什么第一个清洗的就是胡须的原因。

由于阳光中的紫外线照射到猫的皮毛上，会刺激猫肌肤中维生素 D 的产生，而在猫洗脸的一系列步骤中，会舔食这些维生素 D，给猫起到补充维生素的作用，是猫保持健康的途径之一。

猫的脸部布满了大量的神经，通过唾液浸湿的前爪在脸部反复不断地摩擦，不仅有清洁脸部的作用，还有按摩的功效，可缓解身体各部位的劳累和不舒服。被毛上的污物和跳蚤，也会随着猫洗脸被清理得干干净净。

猫洗脸的最后一个原因是消除身上的味道。猫擅长狩猎，如果在狩猎过程中，猎物提前闻到了猫身上的味道就会逃之夭夭。为了保证狩猎的成功，猫会通过舔毛的方式兢兢业业地清除身上的异味。

当主人看到猫在安静地洗脸时，尽量不要走过去打扰和打断它，因为猫有时会攻击和抗拒打扰它洗脸的人。

蹭脸

我们不懂猫语，猫也听不懂人话，面对语言障碍我们只能通过彼此的行动来判断各自心里的想法。当你坐在凳子上的时候，猫会时不时跑来用脸蹭蹭你的腿，显而易见，这是猫在向你表达它对你的喜欢，希望你能够陪陪它、挠挠它、抱抱它。细心点的饲养主就会发现，猫不仅用脸蹭你的腿，还会蹭家里的沙发、床和其他各种家具。你知道猫为什么会喜欢蹭脸吗？

猫喜欢蹭脸是在标记属于它的地盘。用尿液标记和用头部标记传递出两种不一样的信号，用头部蹭传达出的意思是"私人领地，严禁入内"。猫的脸上有独属于它的气味腺体，在蹭来蹭去的过程中，这种独特的气味就会留在这些物品上。猫与猫之间不喜欢当面对峙，如果留下味道，当其他猫来的时候，就可以通过留下的气味来了解对方的信息，这也是彼此之间互相宣示主权和领地的一种方式。当然作为人类的我们是闻不到这些气味的。

猫蹭脸的另一个原因是猫的耳朵痒了，不舒服的感觉驱使它不停地蹭脸。主人仔细观察一下猫的耳朵里是否有黑色的耳垢或者存在寄生虫，可以先用医用酒精帮猫擦拭一下，最好的办法是带它到医院，医生有清理这些寄生虫最好的办法。

猫在你身旁蹭脸的时候，主人最好分清楚它是在撒娇还是真的不舒服，如果真的是猫不太舒服，去宠物医院是最好的选择。

打呼噜

细心的主人有时会听见猫的喉咙中经常会发出"呼噜""呼噜"的声音，这种声音和人类睡觉时打呼噜的声音很像，所以大部分主人会错误地认为这是猫睡觉时发出的声音。事实上并非如此，猫在进入深度睡眠的时候只是安静得一动不动，发出一呼一吸的声音，不会有打呼噜的声音。

猫打"呼噜"的原因有很多，最常见的情况是猫慵懒地躺在主人身边晒着太阳，主人温柔抚摸着它的时候，猫会发出一声声心满意足的"呼噜"声。在吃到美味的食物或者和主人开心玩耍时，猫同样会发出这样的"呼噜"声，这个时候猫的心情是愉快和开心的，它对周围的环境感觉安心，对主人信任，享受目前的生活状态。

每种动物之间都有属于自己的独特交流方法，猫与猫之间的交流有时就是依靠这样的"呼噜"声。当母猫产下猫仔之后，幼猫很快就能发出呼噜声并且和母猫交流。当幼猫在吮吸乳汁并发出"呼噜""呼噜"的声响时，这是在给母猫传递一种"我很好，不用担心"的信号，母猫同样用"呼噜"声来回应。发出"呼噜"声是母猫和幼猫之间传递信息和建立亲子关系的重要一环。猫在生病受伤、忍受痛苦的时候也会发出"呼噜"声，这时的声音传达的是一种求助的信号，让同类或者主人听到发出的声音后，尽快来帮助自己摆脱困境。

　　不过，当主人发现自己的猫不论什么时间都在不停打"呼噜"时，这种情况可能是猫的呼吸道产生问题了，或许是感染病毒，或许是发炎，主人需重视这个问题，尽快带猫去正规宠物医院检查，切不可粗心大意。

　　针对猫会打"呼噜"这个问题，有科学家们曾仔细研究过，他们认为这是猫在自我治疗的一种方式。猫受伤后打"呼噜"的频率比平时更高，这是因为由声带震动发出的呼噜声可以帮助猫治疗自身的器官损伤和骨伤。如果人长期和猫生活在一起，在猫打"呼噜"的声波影响下，还会改善人身体中的骨头质量。

紧密注视移动物体

和猫玩耍的时候，主人是否注意过猫感兴趣的玩具都是什么样子的？看到静止摆放的物体，猫可能会好奇地看上几眼，也可能疑惑地伸出爪子触碰一下，之后这个物体就再也不会引起猫的注意了。让猫变得疯狂、上蹿下跳的玩具全部是移动着的、不固定的。

当主人手里拿着一支会发红光的激光笔照在白墙上时，猫的注意力立刻会被红点吸引，红点移动时，猫也会迅速跟着红点移动。当主人的手在猫眼前挥动时，猫会瞪大双眼一眨不眨地注视着移动的手，有时会伴随着用爪挠地的动作，找准时机，猛地扑向主人的手，把手的左右上下都观察个清楚。球状玩具和块状玩具相比，猫对球状玩具更感兴趣，这是因为球状的玩具可以随意滚动，具有很大的灵活性，不会固定地待在一个地方，而对不会移动的块状玩具，猫只会视而不见。

猫会密切注视移动着的物体，其实来自于它的本能。猫是肉食动物，捕猎是它们与生俱来的能力。选择肉食是为了补充身体的能量消耗，高蛋白、高能量的食物是它们的首要选择，而拥有高蛋白和高能量的是活体动物。为了捕捉这些活体动物，猫一旦见到就会紧密注视着它们的行动，直至将其抓获。家猫现在虽然不需要自己外出狩猎，但对移动着的物体仍然会保持高度警惕和注意。

主人可以利用猫喜欢移动物这个特点，给它们选择会移动的玩具，例如球类和电动老鼠等，来吸引猫的注意力，引导它与你玩耍，增强彼此之间的感情。

将小猫送给主人

母猫是占有欲很强的动物，有的母猫为了保护刚出生的猫仔，甚至不会让主人靠近猫仔。母猫是极其警惕并且重视自己孩子的，她会将自己产下的猫仔藏在一个谁都找不到的隐蔽的地方，一旦母猫觉得这个地方可能被人发现了，会立刻将自己的猫仔转移。很难想象，这样警惕心强的猫会将自己辛苦产下的小猫叼起来，放进主人的怀里。

母猫将小猫送给主人最常见的原因是，母猫自己遇到了麻烦或者它觉得小猫的身体出现了问题，将小猫送给主人，是在寻求主人的帮助。如果主人遇到了这样的情况，不需要慌张，仔细检查母猫和幼猫的状态，是幼猫的爪子过长，挠得母猫不舒服？是幼猫生病了，需要送去宠物医院？还是母猫的身体和心理状况不好，需要关心和陪伴？

孩子对母猫来说是极其重要的，如果母猫和幼猫都没有生病，但你仍然收到了母猫送来的小猫，这不是母猫在抛弃自己的孩子，而是一件值得开心的事情。母猫信任你，觉得你是值得依靠和肯定的，认为你不会伤害小猫，故而将对自己很重要的孩子送到你身边，把自己身为母亲的喜悦分享给你。

家猫虽然成为了人类的宠物，但体内属于猫科动物的野性还没有消失。当母猫产下猫仔后，它可能不会被亲情和责任牵绊，想要出门散散心，和朋友们到别的地方逛一逛，主人是托付孩子最佳的选择。等到它外出归家后，仍会尽心尽力地哺育幼猫。

总而言之，不论母猫是在何种情况下将自己的小猫送给主人，都是它们信任你、喜欢你的表现。

早晚兴奋

猫在白天总是不分时间地点，昏昏沉沉地眯着眼睛打盹儿，只有在清晨和傍晚这两个时间点异常清醒和亢奋，它们会不停地追赶玩具，会在房间里上蹿下跳地跑来跑去，有的猫还会跳上床趴在你身上叫你起床。

早晚兴奋并不代表猫已经睡饱、休息好了，而是猫自带的习惯。猫还没有走进家庭的时候，作为野生动物，觅食是每天的必修课。如果深夜出去狩猎，它们的猎物早就回窝睡觉休息了，并且昏暗的环境光线少得可怜，就算能够捕捉到猎物也不一定能够找得到。如果白天出去狩猎，刺眼的阳光会让猫看不清物体、睁不开眼睛，光线稍弱对猫来说是最舒服的视觉状态。在天刚蒙蒙亮的清晨和太阳快下山的傍晚，猫的猎物开始出门和归家。作为狩猎者，猫的身影被完美隐藏，但猫却能准确把握猎物的行踪，狩猎成功的概率很高。

现在猫不需要为了生存而狩猎，但天性难泯，即使生活安逸、有吃有喝，但它们身体里随身携带的生物钟不会轻易被更改，它们会在光线昏暗的清晨和傍晚活动身体，舒展筋骨，做一些基本的身体锻炼。

阴雨连绵的天气来临时，不论清晨还是傍晚，猫都会变得成熟稳重起来，不会在家里吵吵闹闹地来回蹦跳，反而选择趴着打瞌睡。这是因为在下雨天，猫的猎物为了避雨不会选择出门，即使勤劳的猫特意外出狩猎，多数情况下都会一无所获，所以睡觉是最佳选择。睡觉不仅可以打发多余时间，还能保存体力，为下一次狩猎养足精力，蜷缩着的身体还能给猫带来温暖。下雨天对猫来说，可能是像人类难得的假期时光一样。

早晚兴奋的猫对上班的主人来说可能是件幸福的事情，

早上出门时猫会开心地把你送出家门；晚上归家时，猫同样会欢快地迎接你。

猫叫

猫看上去冷漠又高傲，什么都不在乎，但它们心底里是渴望主人关注和陪伴的。有的猫是个十足的话痨，有的猫文静优雅，但再安静的猫也不可能一句话都不说。猫和同类之间可以用气味、彼此触摸和各种面部表情来传递信息和互相交流。猫很聪明，它们清楚地知道人类不能通过它们的气味和表情来理解它们的信号，所以它们特意为人类单独开发了一种交流信号——猫叫，这是为了向人类传递它们的想法而存在的声音。

连续多次发出"喵喵"叫的声音，这是猫处于兴奋阶段所发出的声音。如果你长时间外出，刚到家时你的猫就会发出这种声音来欢迎你。猫想要和你一起玩耍的时候，会用"喵喵"的叫声来提醒你，或者围绕在你的身边。

很多人认为短促的一声"喵"叫，是猫最基本的叫声，要表达的可能是像"你好"这类的问候语，没事做的猫时不时就会这样叫两声，向人类表达它的友好。猫的叫声中还有一种比这个短促的"喵"更短促的声音，它们通常用更短促的"喵"来表达不好的心情,例如孤独、饥饿和悲伤。

较长的一声"喵"叫,是猫在向人类提要求了。可能要表达的意思是"我饿了,快给我食物""我太无聊了,快来陪我玩儿""你已经很久没看我了,快看我一眼",当猫对外界的其他事物有要求了,就会发出这样的声音。

"嘶嘶"声和咆哮声都是猫受到威胁或者在面临危险时发出的声音。"嘶嘶"声是猫感受到危险即将来临时而发出的类似警告的声音,在发出声音的同时,它的全身可能已经处在戒备状态,如露出嘴中锋利的牙齿,随时准备给予敌人致命一击。当你的猫发出"嘶嘶"声的时候,最好和它保持距离,避免被误伤,尽量消除在它看来是威胁的东西。正常情况下,咆哮声是伴随着"嘶嘶"声同时出现的,咆哮声是对敌人进一步的警告。当你的猫"咆哮"时,给它一个尽情发挥的空间,并且帮助它解决威胁。

当然了,猫也会尖叫。如果饲养在家里的猫一直在发出尖叫声,它是在明确告诉你,它觉得家里很热,热到不舒服。如果母猫一出家门就开始尖叫,那是它在呼唤和吸引自己的伴侣。另外,在激烈的战斗过程中,猫也可能会发出尖叫声。

性格冷傲的猫也有不淡定的时候,当你不小心踩到它的爪子或者尾巴的时候，猫会发出一种高亢的"吱吱"声，这种尖锐的噪声会立刻告诉你"我很疼！""你踩到我了！"。

猫趴着发出"呜呜"声的时候，不要靠它太近，也不要去挑逗它。"呜呜"声表示它正在保护一种它认为很重要的东西，一般猫会把保护的东西藏在自己的身躯低下，这也是猫"呜呜"时多数情况下会趴着的原因。

猫叫是和人类说话一样的正常行为，如果你的猫不停地在叫，可能是身体出现问题了，例如过敏难受、视力下降等。猫的叫声是判断猫身体健康程度的方式之一，主人如果察觉到不同，尽快让兽医诊断情况。

吃草

养在农村的猫经常会去吃草，但养在城市里的猫却不会这样，难道是生活在农村的猫变成食草动物了？事实上并不是这样。猫吃的青草也叫猫草，不是它们的日常食物，而有着其他的特殊用途。

众所周知，猫是喜欢舔毛的，皮肤上脱落下来的毛顺着舌头会被猫吞进肚子里，时间一长，猫肚子的里的毛就会聚集成又大又硬的一团，阻塞消化道，不仅会使猫的胃部不舒服，还容易使猫患上毛球症。猫草中含有大量的植物纤维,这些植物纤维有催吐的作用,食用猫草后,猫体内的毛团就会更好地排出了,减少猫患病的概率。

养在城市里的猫,主人会定期给它们吃化毛膏,通过药物投喂的方式来帮助猫解决体内有毛团的问题。饲养在农村的猫,主人可能没有条件和意识来投喂化毛膏,猫只能通过自己的方式——吃草,来治疗自己的疾病。猫吃草并不是把它们当饭吃,而是在通过自己的方式缓解自身不舒服的状态和治疗自己的疾病而已。

猫不是钢筋铁骨,它们会生病、会难受、也会食欲不佳。当你发现猫的肚子胀气或者出现厌食、肠胃不适等情况的时候,可以适量给猫喂食一些猫草。

看似无忧无虑的猫也会有烦心事,有些复杂的事情和生活状态会给猫带来巨大的压力。人类缓解压力时可以选择运动,也可以选择大吃一顿,同样猫缓解压力时也会选择大吃一顿,只不过吃的不是肉食而是猫草。猫草不仅对猫的身体健康有重要作用,在猫咀嚼猫草的过程中,还能起到缓解心理压力的作用。

猫草不可能全部都是健康无害的,如果猫食用猫草后出现了拉稀的状况,证明所食用的猫草是不健康甚至是有问题的。当猫吃完猫草后仍然能够正常地玩耍,证明所食用的猫草是没有问题的。值得主人注意的一点是,猫草本身就有催吐的作用,如果猫在吃完猫草后有恶心和干呕的情况,这属于正常现象,不需要大惊小怪。

吐毛球

所谓的猫会吐毛球,实际上就是猫会通过呕吐的方式吐出一条又长又软的物体。这种物体大概有手指粗细,呈黄褐色条状,是猫用长着倒刺的舌头在梳理毛发时不小心将身上的毛发吞食进胃里,长久之后所形成的。

这些毛球在肠胃里聚集成团,很难通过自身的消化道将其排除干净,食用猫草后的猫会通过呕吐的方式将这些吃进去的毛吐出来。

主人如果不想让猫忍受吐毛的痛苦,可以每天用梳子给猫仔细梳理毛发,尽可能把猫身上多余的废毛提前清理干净,这样猫在给自己清洁的时候,就不会吞食过多的毛发了。如果主人觉得这个步骤太过烦琐的话,建议带猫去宠物美容院,定期修剪猫的毛发,尤其是长毛猫。

养猫的同时,屋内的清洁工作也是必不可少的。地板上最好不要出现塑料、毛线团和纸屑这样的东西,要将它们放在一个猫接触不到的地方,以免猫误食。

如果你看到猫干呕后什么都吐不出来,好几天没有排便了,可能是因为猫患上了毛球症。病症较轻时,主人要尽快采取措施,帮助猫吐毛球。症状严重时,要立刻送它去医院,宠物医生会进行专业的处理。

磨爪

如果你的家里养着一只猫,你一定遇到过这样让你恼火的事情——平时乖巧可爱的猫有时会在光滑完好的家具上面留下属于自己独特的"手印"。一次两次调皮地划拉,主人会认为这是猫百无聊赖下的玩耍和游戏,但每一天这样,每个月这样,在同样的地方不停地重复一样的动作,就令人不喜和烦躁了。看着家里原本完好的凉席开始断裂、原本崭新的沙发开始掉皮,主人就要开始认真思考猫不分时间、地点、场合磨爪的原因了。

磨爪是猫不可避免的生理本能。猫的爪子其实长得很快,当爪子达到一定的长度后,会开始慢慢弯曲。众所周知,猫的爪子平时是藏在肉垫里的,爪子变长,不仅会刺伤猫的肉垫,还影响猫的日常行走。猫的爪子在不停生长的同时,爪子上的角质也同样在不停地生长,磨爪子这个行为可以使爪子上的多余的角质脱落,使爪子更加锋利和尖锐。爪子在捕猎过程中不仅是杀伤性武器,还能起到吓唬敌人的作用。这是猫养成磨爪习惯的两个主要原因。

猫磨爪还有宣示主权和占领地盘的意味。猫的汗腺中有独属于它自己的味道,不需要面对面对峙,别的猫在闻到它散发的气味后,会自动离去。猫的爪子间就存在着这种特殊汗腺,它通过磨爪这个行为将自己的味道留在领地上,来提醒和警告其他妄图闯入的动物们。

猫表达情绪的时候也会依靠磨爪来进行,因为磨爪时通常是猫情绪比较激动和兴奋的时候,毕竟受到惊吓的猫会选择躲在狭小的盒子里。当在外工作了一天的主人回家时,猫可能会第一时间用前爪攀爬在主人的腿上,把裤子当作猫抓板,兴奋地上下磨动,这是它在传达想一起玩儿游戏的信号。

猫在磨爪时,作为主人不应该为了保护家具而选择强行制止,甚至粗暴体罚它,可以特意买两块属于猫自己的磨爪石,细心引导和训练它到指定的石头或区域完成这项行动。

磨牙

猫习惯去啃咬家中较硬的物体，有时是桌腿，有时是大门，有时在撩猫和逗猫的时候，一不注意，可能猫就会抱着你的手，把手当做"啃咬"的对象。幼猫啃咬的力气小，不会让人产生痛感，甚至麻麻痒痒的还很舒服，人们自然也乐于和猫亲近。如果成年猫也像幼猫一样，抱着你的手"啃咬"，可不一定会发生什么状况。

人类每天通过早晚两次刷牙来保持口腔健康，猫自然也需要保持口腔健康，它们的方法很简单——磨牙。磨牙可以对猫的口腔内部起到止痒的效果，保证猫口腔的舒适感。

磨牙是猫的本能，主人不应该阻止，但为了避免猫养成咬人和要咬家具的习惯，主人最好为猫专门准备一个磨牙工具，在磨牙工具上涂抹带有鱼腥味道的东西，引导猫养成啃咬固定物体的习惯。在喂养猫的时候，为它准备一些较硬的小鱼干或者零食，帮助猫磨牙。

储存食物

猫进食时并不是每次都有着"狼吞虎咽"的好胃口，当你期待地把一条美味的小鱼干放在猫眼前时，猫可能在仔细舔一舔之后，小心地叼起鱼干，跑到床底下或者柜子缝隙这些隐蔽的地方把鱼干藏起来。直到许多天之后，一股腐烂的恶臭传来，你才能发现猫藏食这个小秘密。

储藏在角落里的食物被发现时通常覆盖着一层发霉的毛，周边铺满了厚重的灰尘，如果猫吃了这些变质的食物，可想而知接下来需要面对的结果。

猫储存食物这个习惯来源于它的祖先，在自然中生存的野猫，在季节变换的时候，狩猎就显得稍微困难了。在猫不辞辛劳地寻找到食物后，会尽力将这些食物搬运到一个在它们看来绝对安全的地方，隐藏和储存起来。这是因为在竞争激烈的环境中，猫害怕断水断粮，储存足够多的食物会给它们带来安全感。

在家庭生活中，为了防止主人忘记提供食物或者食物供量不足，猫会将自己喜欢的食物悄悄藏在一个不容易被发现且自己很熟悉的地方，就算主人生气将它们驱赶到角落，它们也不会有挨饿的风险。

要想纠正猫储藏食物这个坏习惯，在猫进食的时候，主人在远处观望即可，不要凑近打扰和抚摸它，引起猫的厌恶心理之后，它会叼起食物到其他角落里，以后很难让猫养成在一个固定的地点进食的习惯。主人最好在给猫喂食的时候养成定时定点的习惯，不让猫有挨饿的经历，保持稳定的三餐和舒适的环境，猫储藏食物这样的坏习惯自然就逐渐改掉了。

视觉敏锐

猫的视觉很敏锐，猫能够在夜间甚至是光线很微弱的地方行动无阻，分辨出物体。白天光线很强的时候，猫总会将眼睛眯起来，甚至会闭合成一条直线，这是猫在自己调节光线进入眼睛的多少。晚上光线很弱的时候，为了将物体看得更清楚，猫的瞳孔就会开得很大，尽可能地增加进入眼睛的光线。

当主人半夜醒来时，可能会看到猫睁着一双明亮的绿色眼睛在床边一眨不眨地看着你。其实猫的眼睛是不会发光的，在猫的眼球有一种叫"明朗毯"的结构，这种结构就像摄影中需要的反光板一样，将在黑暗中出现的微弱光芒反射在视网膜上。"明朗毯"的存在不仅会提升猫的视觉能力，也是我们在夜间看到猫的眼睛是发光的绿色或者金色的原因。

"明朗毯"的作用是反射光芒，当猫处在完全漆黑、没有一丝光亮的地方时，没有光芒可以反射，它们会如同失明一般，是无法看见任何东西的。但是只要有一丝微弱的光出现，猫就能够合理利用和处理每一丝光线，从而达到看清事物的目的，所以猫较好的夜视能力也是有前提条件的。

白天猫只能注意到有光线变化的东西，如果照射的光线没有丝毫变化，猫也是注意不到什么的。这也是为什么猫在看东西的时候，左右两只眼睛要稍微地转动。不仅如此，猫对色觉的感知能力也很弱。

平衡能力优秀

猫是一种擅长攀登和跳跃的动物，当它从高空跳下的时候，总是动作优美、迅速且平稳地落地，这种优秀的平衡能力不是每种动物都有的。

有一部分观点曾经认为猫在空中落地的时候，这种优秀的平衡能力是依靠尾巴来完成的，通过尾巴旋转的力，猫的整个身体转正，从而落下。这种说法过于简单，不甚全面，若按照这种说法，那么无尾猫甚至短尾猫是不是就没有了平衡能力？事实并非如此，无尾猫和短尾猫即使尾巴没有优势，可它们的平衡能力丝毫不逊色于其他种类的猫。

猫的尾巴是猫脊梁骨的延伸，确实对猫的平衡能力起到一定帮助，如果猫行走在狭窄的通道里，猫的尾巴就会像一根"平衡木"，稳稳地帮助猫保持平衡。

猫从高处下落时，首先会用眼睛和耳朵迅速判断天和地的位置，判断好位置的一瞬间，猫的脖子和头就会立刻旋转、摆正。头部摆正之后，柔软的脊骨也会随之扭动，最后身体中比较重的地方——屁股，也开始旋转摆正。就这样在可能不到一秒的时间里，猫在半空中通过扭转自己的姿势，以一种优美的姿势四脚着地，厚实的脚垫会帮助猫减轻下落带来的冲击力。这些动作和尾巴的关系其实并不大，全部依靠猫的神经反射。

如果猫在位置比较低的地方跳下，你可能会看到一只身体不太平稳的猫，这是因为在下落的过程中，猫没有时间将自己身体的姿势调整好。

不是每只猫的身体平衡能力都一样优秀，有强有弱，我们不能要求猫在下落的过程中每次都完美落地，不受伤。在猫摔倒的时候，主人需要轻轻抚摸它，给它一点关心和安慰。

不识亲子

不仅人类有母爱，猫对自己孩子的宠爱一点也不比人类少，且猫的独占欲很强，时时刻刻都要待在小猫身边，保护孩子。但猫也有不识亲子的情况，原因主要有三个。

第一个原因是幼猫身上没有母猫的味道。母猫在生下每只幼猫的时候，会通过舔舐在它们身上留下自己独特的气味，以此来确认自己的孩子。将幼猫抱离母猫后，把幼猫带去洗澡或者拿手抚摸幼猫，都会改变幼猫身上的味道，甚至幼猫身上的味道会逐渐消散，直至完全消失。如果幼猫身上没有母猫的味道，母猫会拒绝承认幼猫的存在，甚至会对幼猫大打出手，做出伤害幼猫的事情。

如果母猫是因为这个原因不承认自己的幼猫，不要强制性地将幼猫放在母猫身边，更不要呵斥和惩罚母猫，可将母猫的尿液涂抹在幼猫身上，以此来沾上母猫的气味。

第二个原因是母猫认为幼猫可以独立了。如果幼猫已经满月开始断奶了，或者已经和母猫在一起生活两三个月了，母猫已经完成了养育幼猫的责任，会拒绝给幼猫喂奶甚至会将幼猫驱逐出自己的领地。在它眼里，幼猫已经是一个有自保能力的成年猫了，应该让幼猫学会独立生活。

第三个原因是母猫认为自己的幼猫命不久矣。面对活不久的幼猫，母猫吝啬地不愿给予它任何关爱，可能是不想让濒死的幼猫抢夺健康幼猫的奶水，也可能是害怕面对喂养许久的幼猫在自己面前死去，所以在生下来的最开始，就拒绝承认濒死幼猫是自己的孩子。

虐杀猫仔

"虎毒不食子"这句话已经深深藏在了人的潜意识里，在面对猫亲手虐杀猫仔和吃掉亲生骨肉时会觉得残忍冷血。母猫是爱着自己猫仔的，否则也不会辛苦劳累将它们生下，母猫虐杀猫仔的原因也不止一个。

母猫产子后如果身体极度虚弱且气息游离时，为了生存和补充自己身体的能量，迫不得已会虐杀猫仔。

母猫在辛苦产子后，可能会受到巨大的惊吓，存在心理阴影。如果受到刺激后，主人没有及时安慰和关心它，它会选择吞食自己的猫仔来缓解惊吓。

刚出生的猫仔是脆弱和无辜的，为了避免它们的死亡，主人在母猫怀孕的时候应该为它们准备营养均衡的食物，并且增加它们的营养，避免母猫产子后身体虚弱而吞食猫仔。在母猫产子时，最好远远地躲在母猫看不到的角落，观察母猫产子后的情绪状态和行为，一旦发现异常情况，立刻营救猫仔。

★专题 猫为什么不爱洗澡

　　家猫的祖先是非洲野猫和亚洲野猫，这两种猫主要生活在缺水的草原和干旱的沙漠，在水资源极度匮乏的环境中，猫身体里所需要的所有水分都来自猎物，它们的生存方式对水的依赖不强，清理被毛时也不需要用水，舌头会将身体清理干净。但有一种名叫土耳其梵猫的品种，它们是家猫中较为特殊的。炎热的夏天来临时，跳进湖泊洗澡是令猫开心的一件事，它们不讨厌水甚至喜欢和水亲密接触的感觉。

　　猫不喜欢水的原因是它们讨厌把自己身上的毛弄湿，被浸湿后的毛会吸收大量水分，尤其是长毛猫和生活在寒冷地区的猫。在等待毛发变干的时间里，蒸发的水分会带走猫身上的热量，猫很难维持自身的温度，体温迅速下降，严重的会有死亡的风险，尤其是在寒冷的冬季，这也是猫为什么喜欢温暖干燥环境的原因。在自己清洁和被主人用水清洁这两个选择中，猫果断选择了前者。

　　如果主人在给猫洗澡的时候，用水管里带着冲击力的水喷向猫的身体，并且强迫猫洗澡的话，猫会本能地将这种行为归为攻击，为了自保会迅速躲避，脾气不好的猫还可能立刻向主人发动攻击。猫会将这些关于洗澡的不愉快过程全部记住，留下心理阴影。

　　猫有灵敏的听觉，通过周围细微的举动来判断环境是否安全，作为独居动物的猫，听觉对它来说极其重要。洗澡时流出的"哗啦声"会严重影响猫的听觉，听觉被影响可能会使猫感到暴躁不安。如果在洗澡过程中，一旦猫的耳朵里进水，又没有及时处理，很容易引起感染和发炎。

TWO
养猫你准备好了吗?

　　宠物是人们为了消除孤寂或出于娱乐目的而豢养的动物,并非出于经济目的,而是出于精神需要。当你决定养一只可爱的猫咪,务必要仔细考虑养猫事宜,尤其是自己是否有责任心以及是否能真正面对未来家庭生活的诸多变化。

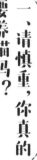

一、请慎重，你真的要养猫吗？

猫是一种孤傲任性的动物，它与狗不同，不会天天黏在你身边，高兴的时候能安静待着让你抚摸，不高兴的时候，就会独自走开。养猫的过程，也许和你想象中的千差万别，猫的任性、猫的傲娇、猫的小脾气也许都会给你的生活带来一些意想不到的状况。养猫，你真的准备好了吗？

时间和精力

喂养任何一种宠物都需要时间和精力，猫自然也需要。尽管猫的性格一直都很独立，但它们独立的本领中没有自己买饭、自己添水、自己收拾厕所这些能力，主人的照顾在此刻显得尤为重要。

如果你是独居并且工作没有那么繁忙、时间上比较充裕，你可以上班前在餐具中给它们准备好食物和水，下班后陪它们玩儿一会儿，收拾用完的废弃猫砂。认真照顾和饲养一个生命是一种美妙的体验，在重复做这些事情的时候，你能体会到不同的快乐和愉悦。

如果你一个人在外居住，工作繁忙，甚至还需要经常加班，那么可能你的时间和精力使你无法承担起照顾宠物的责任。想一想吧，当你半夜到家后，要抽出时间给猫洗澡、和猫斗智斗勇，还要拖着疲惫的身躯给猫清洗餐具、准备第二天的食物，就算你的猫孤单寂寞，一直黏在你身边，你可能都没有力气抱着它、陪它玩儿。

养猫这件事，对于时间和精力都不多的人来说，可能负担多于愉悦，如果不能确保自己有充足的时间，请先暂时放下养猫的念头。

耐心和爱心

猫有自己的性格，很任性也很调皮，聪明的它们会通过发脾气的方式来表达自己的情绪。高兴了，它们会爬上主人的膝头，卧在主人身边，用脑袋胡乱蹭着主人的腿来撒娇；不高兴了，它们不仅不会多看你一眼，当你想要抱它们的时候，还会"呲溜"一下跑开。如果你的性格比较暴躁，那么在与猫相处的过程中，最好尽量控制自己的脾气，多一点耐心，多一点包容。

随着年龄的增长，猫的趾甲也会逐渐变长，弯曲的趾甲会刺伤猫自己的肉垫，妨碍猫的日常行走，平时乖巧可爱的猫就开始寻找合适的物体来帮助自己磨爪了。你会发现家里原本的沙发开始掉皮，崭新的凉席开始断裂，桌子的四角开始掉漆，等等。当猫为了磨爪破坏你的家具，在桌上乱跳时打破你的水杯，在地上奔跑时弄乱你摆好的东西，还会弄乱你收拾好的卧室时，你会怎么办呢？要知道贪玩好动是猫的天性，主人除了耐心教导和仔细引导之外，也没有别的什么好办法了。

你的家人欢迎它们到来吗？

如果你是一个人单独生活，那么你是幸运的，是否养猫这件事全看你自己的想法和身体状况，你也是不幸的，你将一个人喂养和教导淘气的猫。

如果你和你的朋友或者家人住在一起，养猫之前请务必要与他们商量和讨论一下，询问他们是否可以接受你养猫这件事，了解他们是否会对猫过敏，例如对猫毛过敏，以及是否患有哮喘等疾病。沟通之后，才能确定你的家人和朋友是否真心接受这个家庭新成员的加入，他们是否可以和你一起照顾猫，一起分享养猫的乐趣。

你不能保证所有人都喜欢猫，毕竟生活中有很多人，他们不喜欢猫，甚至害怕猫，无法和猫生活在同一个屋檐下。如果你不和家人朋友进行任何沟通，就鲁莽地将猫带回家，一厢情愿地认为世界上所有的人都应该喜欢猫，那么你的猫在这个房子里可能生活得并不开心，相应地，你也会承担巨大的压力，极有可能每天都跟生活在一起的家人和朋友闹矛盾。

如果你的家庭成员中有小朋友，更加不能擅自将猫带回家。小朋友玩闹时可能会不知轻重，为了避免猫发脾气将小朋友抓伤，把猫带回家之前，一定要提前告知小朋友。猫不是玩具，它们和人类一样，有感情有想法，会陪伴你一起长大，还可能成为你最亲密的好朋友。

你的经济能力

养猫和养孩子一样，不仅需要耗费许多时间和精力，更需要一笔不小的开支来支撑。猫的花费主要在两个方面：第一个是买猫，另一个是养猫。猫的价格根据猫的品种、血统、性别、年龄和身体特征等方面的不同而不同，故而有的猫很贵，有的猫却很便宜，不论怎样，这都是一笔不小的经济负担。当然，也可以选择去宠物救助站或者公园里，用领养和收养的方式来代替购买，这样不仅可以节约开支，还能给无家可归的猫一个温暖的港湾。

养猫的花费实际上比买猫的花费多很多。为了猫的身体健康，最好两年体检一次，疫苗也要定期打，如果猫在这期间生病了，看医生、买药都是一笔不小的费用。养猫前需要给猫准备好属于它们的基本装备：猫窝、餐具、猫粮、猫砂、猫砂盆、猫笼、旅行箱、猫玩具等。为了避免细菌滋生，猫砂盆和餐具需要经常消毒或更换；季节变换的时候，温度变化较大，为了保证猫身体的温度，猫窝也需要进行更换；猫粮和猫砂也要随着猫的身体状况和喜好而更换；猫是一个喜新厌旧的动物，刚买的玩具可能玩儿几天就腻了，为了保证猫每天的运动量，最好经常有新玩具来吸引猫的注意力；猫的零食和洗护用品都必须是专用的，这些东西本身就价格不菲，且都是猫生活的必需品，缺一不可。

猫的性格你考虑了吗?

猫本来就是一种有趣的动物,它有自己的思维习惯、自己的交流方式,甚至和人类一样有独特的性格。这也是猫在你面前,有时可爱、有时黏人、有时又很冷淡的原因。

顾名思义,外向型的猫就是性格十分活泼外向的。这种性格的猫好奇心旺盛,喜欢探索新事物,在家里窜上窜下每天都会有新发现,刚买回来的东西它绝对是第一个扑上去的,调皮捣蛋得令主人头疼。性格外向的猫,不会安静地待在家里的某个角落,找不到它的时候,去纸盒子和纸袋子里翻一翻,永远会带给你新的惊喜。如果你的猫性格外向的话,你可以试着教它一些和人交流的小动作,例如握手和击掌。

温和型的猫通常是黏人且讨人喜欢的。它们不会像其他性格的猫一样,孤傲地站在高处待着,反而性情温和,不会乱发脾气,只要你在家,不管你坐在哪里,它都会像个"小尾巴"一样紧紧跟着你,凑在你身边不停地用头和尾巴蹭着你的身体,眯起眼享受你的抚摸。

冲动型的猫性格状态是极其不稳定的,像个没有学会控制情绪的小孩子,前一秒对着你笑,后一秒就能板着脸离开。

当你舒服地躺在床上时，你的猫如果想和你亲近，可能就会从远处"砰"的一声跳到你身上，送你一个超级大惊喜。你永远不知道下一秒你的猫是什么样的心情，也猜不到下一秒它会做出什么事情来。面对冲动型的猫，主人不仅需要脾气好，更要有耐心。

敏感型的猫非常需要主人的不断关心和鼓励，猫的这种性格有点像人类性格中的"内向"。说话的声音稍微高一点，它就会受到惊吓，找一个角落悄悄躲起来。不论发生什么事，还是家里有了新客人，马上躲起来应该是它脑子里的第一个想法。面对常常躲在角落、钻在床下的猫，你很难和它一起互动或者玩儿游戏，对此不需要苦恼它是不是不喜欢你，这是与生俱来的性格所导致的，这种性格的猫适合温柔又耐心的主人。

拥有支配型性格的猫通常是任性且有主见的，在猫群中它们处于领导者的地位。如果这种性格的猫生活在多猫家庭中，可能会有争夺食物、抢夺玩具和霸占主人注意力的事情发生。这种猫用一种人来比喻的话，最合适的就是"恶霸"，完全不讲道理，一切以自己的心情为主，想做什么就做什么。这种性格的猫很难管教，不会服从主人的安排。

同时养了其他宠物怎么办

很多有爱心的人不仅会养猫，还会养其他动物，例如狗、鱼和鸟，最常见的是同时养猫又养狗，那么如何让猫和其他动物和平共处呢？这是一个大问题。

俗话说"猫狗是仇家"，因为猫和狗的性格和生活习性是完全不同的，甚至可以说南辕北辙。将猫和狗养在一起，你可能会经常看到它们打架：狗在咬猫、猫在挠狗，两种动物互不相让，彼此示威。猫狗未必不能和平共处，关键是主人要如何处理好它们之间的关系。不过，如果猫和狗都已经成年，混养的难度是比较大的，相反，如果在它们都还未成年的时候就混养，对主人来说难度不大，同时猫狗的感情也会比较深厚。

混养动物，需要将后进入家庭的宠物隔离开来，给它们一些彼此熟悉的时间和空间。猫是地盘性动物，在熟悉自己的领地之后，就不会轻易逃离，即便狗对它不停吼叫。新宠物进入家庭的第一周，最好把猫和狗的行动分开：猫在家的时候，带狗出去散步；带猫出门时，把狗留在家里。嗅觉灵敏的它们会感知到家里还有其他成员。在猫和狗第一次见面的时候，需要重点安抚猫的情绪，让猫知道它在家里是不会受到伤害的，猫和狗见面的次数增多之后，相互的敌意可能也没有那么明显了。当猫能够给狗舔毛，并且能靠着狗睡觉的时候，证明猫和狗的关系已经很亲密了，不需要主人格外担忧。

猫和鱼、鸟之间的相处过程就有些混乱了，毕竟在猫的眼中，鱼和鸟都是它们的饭后餐点，面对美食的诱惑，很少有猫能够控制住自己的爪子。当家中的鱼缸里养着几条精致的小鱼，为了防止猫"磨爪"和把嘴巴伸进鱼缸，最好买一个带盖子的鱼缸，喂鱼之后立刻合上。可爱的小鸟如果没有一个笼子，它的安全是极其没有保证的，因为鸟无论飞到家里的什么地方，猫都能轻松一跃，用锋利的爪子，顺利捕捉到小鸟。主人稍一疏忽，小鸟很可能小命不保。

猫能够和其他动物和平相处，离不开主人的细心教育和引导。面对猫的狩猎天性，鱼和鸟的成活概率不会很大，最好不要将它们混养在一起，否则你的家里很可能会鸡飞狗跳，每天上演一出精彩好戏。

主人不在家，猫由谁照顾

主人的生活没办法永远围着猫转，可能因为工作或个人的各种原因出差、访友、办事。这些情况发生的时候，猫不可能跟着主人东跑西窜，主人也没有多余的精力照顾好猫的生活，让猫自己待在家里，吃饭喝水都是问题。

如果你的家人或者朋友，没有呼吸道方面的疾病，不会对猫毛过敏，甚至喜欢猫的话，可以拜托他们替为照顾一段时间。如果你的家人接受不了猫的话，托管所是个不错的选择。家人和朋友是你亲密且熟悉的人，而托管所的养猫设备不仅完善，且有着专业的照顾人员，他们都不会苛待、虐待你的猫。

你真的了解养猫后生活的变化吗？

很多人都说，养猫之后自己的生活发生了翻天覆地的变化，虽然语句有些夸张，但表达的意思还是很清楚的。

养猫会治好你的懒癌。如果你是个每天辛苦上班的上班族，以前的你，下班后的第一件事是懒懒地躺在沙发上，舒舒服服享受属于自己的夜晚。养猫之后，夜不归宿不会出现在你的生活中，下班时间一到，会马不停蹄地飞奔回家，给猫清洗餐具，准备猫粮和新鲜的水，清理猫砂盆，逗猫玩儿。清晨赖床的你也放弃了自己的睡眠时间，早早起来为猫准备早饭。养猫之前，你可能一周打扫一次房间，养猫之后变成了每天一次，把猫可能会出现的床底和沙发底打扫得干干净净，害怕猫沾染上细菌引发疾病。你会看着每天掉落的恼人的猫毛，尽管不想打扫，还是会认真仔细地收拾干净，毕竟吃了猫毛的猫很可能会发生消化道疾病。

养猫让你的生活有了牵挂。你会时刻惦记猫所在的位置，它现在藏在了哪里？它出去玩儿了没有？它现在是在睡觉还是在玩耍？你会对生活多了一份认真和警惕，害怕门没关紧猫悄悄跑出去，害怕窗户没关上猫不小心跳出去，害怕猫在家会触电等，从前你觉得无所谓的小事情，在养猫之后显得格外重要。

养猫会磨练你的耐性和脾气。调皮捣蛋的猫是不会安安静静地待在一个地方的，精力旺盛的它们时常在主人的底线边徘徊，可能今天跳上桌子的时候，不小心把你的水杯打碎了；可能在玩儿毛线的时候，不小心把家里的网线拽下来了；也可能在你新买的家具或者玩具上留下属于它的印记——牙印或爪印。你没办法和它吵架理论，只能收敛自己的脾气，通过无尽的耐心，包容它们的一切行为。

你可明白，猫生只有你

生活在城市的猫，没有野猫的狩猎能力强，一旦被主人抛弃，就会面临着死亡的威胁。人类家庭中，通常只养着一只猫，这只猫不知道它的兄弟姐妹在哪里，不知道它的父母是谁，从有记忆开始，就跟在主人身边。

猫的命运和未来全都掌握在主人的手里，主人突然不喜欢猫了，可能会将它丢弃；主人今天心情不好，可能会踹猫一脚。看似猫自由且嚣张，实际上全是在主人允许接受的情况下，才能摆出来的姿态，一旦主人变心，它们将一无所有，甚至连挽留的资格都没有，因为它们不会说人话。

猫的一生很长，当你接受它作为你的家人时，你就要有长长久久与它们相处的心理准备，因为从它们有记忆起，猫生里只有你。

★ **专题　为什么有人说猫是"液体"动物？**

猫有属于自己的"特异功能"——能够压缩自己的身材，适应周围的环境。猫能够缩在酒杯或者锅碗等容器里，换句话说就是容器怎样，它就怎样。猫的身材千变万化，人们戏称猫是"液体动物"。

猫是天生的瑜伽高手，它们的身体极其柔软，脊梁可以折叠，甚至达到了伸缩自如的地步。猫之所以能这样做，是因为它有着与众不同的骨骼。一个普通人的身上有 206 块骨头，猫身上则有约 230 块骨头，其中胸部的骨头还会随着年龄的增长而变化，成年后胸部的 26 块肋骨和 8 块胸骨会逐渐融合成 1 块，这也就意味着，成年后猫的柔软度没有幼年猫强。

猫的躯干骨骼有 58~85 块，这些骨头的形状都不是规整的，除了肋骨呈较长的弓形外，其余骨头都比较小，猫宽阔的胸膛也有利于胸骨的收缩，能够使猫的身体变得更加柔软细长。

在多数养猫家庭中，有的人会对猫的毛发、皮屑、尿液甚至是唾液等过敏。猫的毛型有长毛、短毛、卷毛和无毛四种，通过选择不同品种和毛型的猫，可以避免一系列可能发生的各种与健康有关的问题。

长毛猫

长毛猫的名字是相对于短毛猫而来的，且数量远少于短毛猫。长毛猫的毛发以柔软、平滑和长度而著称，当猫的毛发长到 10 厘米以上的时候，该品种的猫就可以被称为长毛猫。大而圆的头和矮胖的身躯是长毛猫的典型特征，沉静少动是它的个性特点，对人温和亲切、喜欢和主人一起玩耍也是它的性格。

长毛猫（涅瓦河假面猫）

相比短毛猫来说，饲养长毛猫需要花费更多的时间和精力。长毛猫的毛发需要主人每天认真梳理，梳理前可以先将猫的毛发打湿，揉搓成结状，便于将毛发竖起，将其内部梳理干净。长毛猫的毛发很容易粘连打结，主人需先用稀疏的梳子小心地顺着毛发生长的方向将其梳理开来，然后再用较密的梳子将毛发梳通，切记不能用力撕扯。如果梳子很难梳理或者梳理难度较大，可将其部分毛发剪除，使其重新生长。

脱毛是不可阻止的猫的生理特征，尤其是春、秋这样的换毛季。天生爱干净的猫会用带倒刺的舌头，舔舐着清理自己。清理过程中，猫很容易把自己脱落的废毛吃进肚子里，久而久之这些毛就在猫的肚子里聚集成毛球，尤其是毛发较长的长毛猫。长毛猫较其他类型的猫吃进去的废毛显然更多更长，排泄不出去的毛会将肠道堵塞，严重的会患上毛球症，危及生命。这就需要主人经常注意它是否能顺利吐毛，喂食化毛膏的频率也比短毛猫要高很多。

给长毛猫洗澡也比给其他种类的猫洗澡复杂很多。洗澡前，需要先将毛发梳理干净；洗澡时需要动作敏捷、用时短促；洗完澡后为它裹上属于它自己的毛巾，防止感冒。

布偶猫是颜值和性格都很好的长毛猫，常被爱猫人士称呼为"仙女猫"，是现在体重最重，也是体型最大的猫类之一。布偶猫对人友善、温柔乖巧，与任何人都能和谐相处。布偶猫最大的优点是脾气好，不论家里的小孩子怎么捉弄它，它都不会傲娇地转头就走，反而会紧紧跟在孩子身后，它绝对是小孩子最好的朋友。布偶猫喜欢参与家庭中的任何日常活动，且性格和狗相似，都非常黏人，上下班时间不稳定且经常加班、出差的人不适合成为布偶猫的主人。

波斯猫是最常见的长毛猫，也是成为人类家庭成员最多的长毛猫。波斯猫看上去就给人一种高贵优雅的感觉。它善解人意、性情温和、会对主人撒娇。它适应环境的能力非常强，喜欢安静地待着，不会在家里上上下下窜着捣乱。由于毛发厚且长，独自躺在地板上睡觉是常发生的事情，夏天它讨厌和人挨着，尤其被抱着。

它的个性特点, 对人温和亲切、喜欢和主人一起玩耍也是它的性格。

长毛猫（涅瓦河假面猫）

相比短毛猫来说, 饲养长毛猫需要花费更多的时间和精力。长毛猫的毛发需要主人每天认真梳理, 梳理前可以先将猫的毛发打湿, 揉搓成结状, 便于将毛发竖起, 将其内部梳理干净。长毛猫的毛发很容易粘连打结, 主人需先用稀疏的梳子小心地顺着毛发生长的方向将其梳理开来, 然后再用较密的梳子将毛发梳通, 切记不能用力撕扯。如果梳子很难梳理或者梳理难度较大, 可将其部分毛发剪除, 使其重新生长。

脱毛是不可阻止的猫的生理特征, 尤其是春、秋这样的换毛季。天生爱干净的猫会用带倒刺的舌头, 舔舐着清理自己。清理过程中, 猫很容易把自己脱落的废毛吃进肚子里, 久而久之这些毛就在猫的肚子里聚集成毛球, 尤其是毛发较长的长毛猫。长毛猫较其他类型的猫吃进去的废毛显然更多更长, 排泄不出去的毛会将肠道堵塞, 严重的会患上毛球症, 危及生命。这就需要主人经常注意它是否能顺利吐毛, 喂食化毛膏的频率也比短毛猫要高很多。

给长毛猫洗澡也比给其他种类的猫洗澡复杂很多。洗澡前，需要先将毛发梳理干净；洗澡时需要动作敏捷、用时短促；洗完澡后为它裹上属于它自己的毛巾，防止感冒。

布偶猫是颜值和性格都很好的长毛猫，常被爱猫人士称呼为"仙女猫"，是现在体重最重，也是体型最大的猫类之一。布偶猫对人友善、温柔乖巧，与任何人都能和谐相处。布偶猫最大的优点是脾气好，不论家里的小孩子怎么捉弄它，它都不会傲娇地转头就走，反而会紧紧跟在孩子身后，它绝对是小孩子最好的朋友。布偶猫喜欢参与家庭中的任何日常活动，且性格和狗相似，都非常黏人，上下班时间不稳定且经常加班、出差的人不适合成为布偶猫的主人。

波斯猫是最常见的长毛猫，也是成为人类家庭成员最多的长毛猫。波斯猫看上去就给人一种高贵优雅的感觉。它善解人意、性情温和、会对主人撒娇。它适应环境的能力非常强，喜欢安静地待着，不会在家里上上下下窜着捣乱。由于毛发厚且长，独自躺在地板上睡觉是常发生的事情，夏天它讨厌和人挨着，尤其被抱着。

不论饲养哪个品种的长毛猫，都需要主人花费较多的时间和精力，上下班时间不稳定的人不建议饲养长毛猫。如果家中的老人没有呼吸道疾病，不对猫的毛发、皮屑和唾液过敏的话，是可以饲养长毛猫的，不仅可以打发多余的时间，还能享受宠物带来的陪伴。

短毛猫

皮毛短的猫，我们称之为短毛猫。它们四肢粗壮、体型浑圆，深受人们的喜爱，是最常见的家猫种类之一。短毛不代表毛量少，相反，一部分短毛猫有着双层皮毛，通常我们将猫身体上有的一层纤细的绒毛称为单层毛，将柔软的绒毛和粗长的毛组合起来称为双层毛。

越来越多的人类家庭选择短毛猫作为家庭成员，其主要原因是它聪明可爱、性情温和。短毛猫喜欢待在家里，黏在主人的身边，跟在主人身后。它们喜欢与单纯的小孩子和慈祥的老年人一起玩耍。它们适应环境的能力很强，不会因

短毛猫（埃及猫）

为环境的改变而随便乱发脾气，简单轻松就能把它们饲养好，并且它们的抵抗力很强，不会轻易生病。

在短毛猫中挑选颜值高、脾气好，又容易养的，美国短毛猫是其中一个。正常情况下，美国短毛猫有 15～20 年的寿命，可以陪伴你很久很久。美国短毛猫很好相处，还有点自来熟，有些短毛猫不论你是谁，不论你们认识多长时间了，第一次见面的时候，总会钻进你的怀抱，眯着眼找个最舒服的地方趴着。

美国短毛猫有着超高的智商，可以很快被调教、被训练。主人可以耐心点教给它们很多生活规律和游戏规则。当主人外出时，猫会自己发明游戏和找到玩具来玩儿。在食物和水都有保证的前提下，主人一个星期不回家，猫都能很好地生活，适合上班族饲养。

对美国短毛猫的护理其实很简单，它可以通过自己的方式来清洁身体，不需要我们拿梳子给它梳理被毛，不需要高频率地帮它洗澡，你只需要抽出一点时间，抱着它，温柔地抚摸它身上的毛发就可以了。手掌的抚摸可以在猫的身上留下它们需要的油脂，使毛发更加顺滑有光泽。美国短毛猫性格外向、喜欢运动、精力旺盛，最好为它特意准备一个猫爬架或者球状玩具来发泄多余精力。毛球症是短毛猫也极其容易患上的疾病，要常喂它们吃猫草或者化毛膏，以便清除体内的多余毛发。如果毛发脱落，可以用扫帚或者吸尘器轻易地清理干净。

英国短毛猫也是一种性情温和的短毛猫，基本上不会对人类亮出爪子、露出犬牙，它的饲养方法基本上是和美国短毛猫一样。第一次将英国短毛猫领回家时，要先照顾好小猫脆弱的肠胃，猫粮不能给太软的，也不能给太硬的。小猫习惯这个家庭环境之后，不需要对它特意强调吃饭地点和用具，它甚至还会主动使用猫砂盆。英国短毛猫的乖巧在于它不会用爪子乱抓家具和撕扯沙发，只会在猫爬架上磨爪子。短毛猫的饲养不需要耗费大量的心力，主人在家时是个"黏人的小妖精"，主人不在家时就是"守家的保护神"。如果你准备养猫，短毛猫是一个不错的选择。

无毛猫

无毛猫是看上去身体表面没有任何毛的一种猫，它们与多数猫不同，是由于基因突变而产生的新品种。无毛猫并不是真的身体表面一根毛都没有，在它们皮肤的褶皱处会有一层又软又薄的绒毛，耳朵、嘴巴和尾巴等部位也会有少量的毛发，其他部位几乎没有毛。

尽管这种新品种看上去像"异类"，但仍然有很多人喜欢它与众不同的外表。无毛猫的繁衍也是一件很困难的事情，必须"父母"均为无毛猫。由于其基因较不稳定，故而数量较少，价格相比长毛猫和短毛猫要昂贵许多。常见的无毛猫有加拿大无毛猫和彼得无毛猫。

加拿大无毛猫不论是成年猫还是幼猫，它们的皮肤表面褶皱都很多，越是年轻的无毛猫，褶皱的数量就越多，随着年龄的增长，褶皱才会逐渐减少。绒毛的变化也是这样，越是年轻的无毛猫，身上的绒毛就越多越密，随着年龄的增长会逐渐变少。加拿大无毛猫的眼睛和身体的颜色应该是相一致的，它有着修

无毛猫（加拿大无毛猫）

长的四肢、棱角分明的头部、三角形的大耳朵和微微突出的大眼睛，细长的尾巴像皮鞭一样翘在身后。

面对身上光溜溜的无毛猫，帮不帮它洗澡也是一个让人

纠结的问题。如果你看到它的身体不太脏的话，只需要准备一块专属它的浴巾，将它放在柔软的浴巾上轻轻地擦拭干净即可。无毛猫会用自己的舌头把自己舔干净，不需要主人经常在水中帮它洗澡，擦拭依旧可以起到清洁的作用。

无毛猫和其他种类的猫一样，不喜欢水，最好不要给三个月大的小猫洗澡，避免其抵抗力不强而导致感冒。洗澡的时候，一定要让它的头露出水面，尽量不要将头部打湿。洗澡时可以用舀子一下一下轻轻地将水浇在猫的身上，手也要慢慢抚摸着它，缓解它对水的紧张感。猫的褶皱处、耳朵、爪子是清洁的重点部位，否则会残留很多细菌和病毒。

无毛猫身上没有维持体温的毛发，遇水后体温下降较快。洗完澡后，一定要用专属它的浴巾将水珠全部擦拭干净，并且将猫裹起来维持温度。在寒冷的冬季，给无毛猫洗完澡之后，最好给它穿一个保暖的毛衣，以防感冒生病。

如果你是一个狂热的爱猫人士，可以尝试饲养高智商的无毛猫。如果你的家中有人对猫毛过敏，无毛猫是最佳选择。如果家庭里有孩子，温顺的无毛猫不会伤害任何人，好脾气的它会成为孩子的贴心伙伴。

卷毛猫

卷毛猫的品种比其他三个类型猫的品种要少很多，目前只有五个品种，分别是德文卷毛猫、塞尔凯克卷毛猫、西伯利亚卷毛猫、柯尼斯卷毛猫和拉波猫，它们是由猫的基因突变而产生的。顾名思义，卷毛猫就是全身覆盖着卷曲柔软毛发的猫，双层被毛使他们的毛看上去浓密且厚实，它们外形奇特，都有着修长的身躯、椭圆状的大眼睛和像精灵一样竖起的大耳朵。

卷毛猫（柯尼斯卷毛猫）

卷毛猫的智商较高，待人热情，喜欢待在主人身边，同样喜欢和人们一起玩耍，聪明机灵的性格使它拥有了一大批"粉丝"。卷毛猫的适应能力较强，甚至可以适应乘车去旅行。它们身上的被毛虽然看上去很浓密，但除了像换毛季这样的特殊情况外，一般很少脱毛，尤其是柯尼斯卷毛猫，这对于对猫毛过敏的爱猫人士来说无疑是个好消息，因为掉毛的概率小了，诱发疾病的可能也就随之变小了。

1960 年发现的德文卷毛猫是所有卷毛猫品种中最喜欢和人类亲近玩耍的卷毛猫，它心情好的时候，不仅会紧紧跟在你的身旁，还会像狗狗一样欢快地摇动自己的尾巴，也因此有了"卷毛狗"这样的别称。德文卷毛猫的毛发虽多，可打理起来却极其容易。

　　怕冷的卷毛猫喜欢待在有太阳光照射的地方，你有时可能会看到这样一种现象：太阳移动后，阳光的位置也会随之改变，卷毛猫会跟着阳光的位置不停移动。将洗完澡后的卷毛猫用毛巾把水珠擦干净后，将其裹着放在温暖的阳光下，这一定是卷毛猫最舒服的时刻了。

　　卷毛猫的毛发层次较多，为了避免毛发中残留细菌，故而需要每天梳理，卷毛很难用带齿的梳子将其梳通，用你的手代替梳子是最好的办法。主人只需要每天抱着猫，用手指穿过它们的卷毛，仔细捋顺毛发、清除污垢就行了，在梳理毛发的时候，还可以轻柔地给它们按摩身体，在享受和猫亲密接触的这段时间里，还可以顺便使猫的毛发变得健康柔顺，一举两得，何乐而不为呢？

　　如果家中有喜欢猫的老人、对猫毛过敏的爱猫人士，想饲养一只小宠物，聪明且善解人意的卷毛猫一定是最佳选择。

毛色是判断猫健康程度的标准之一。任何一种动物，只要它的毛色光滑且有光泽，就一定是健康的，同理，猫也一样。如果在购买小猫的时候，看到它的毛色有光泽，毛顺滑且漂亮，这只猫是可以考虑带回家饲养的。

猫的毛色

毛发可以为猫维持温度，而毛色就是猫生活在大自然中的保护色，纯白色的猫在激烈的竞争中常常会以失败告终，并且死亡，这是因为明亮的白色在大自然中很容易被发现，能活下来的猫的颜色通常呈暗色。目前白色的猫越来越多地出现在人们的生活中，原因是猫被人类驯养、和人类一起生活着，没有狩猎的压力和残酷的竞争，被人类保护起来的白色猫也自然不会死亡了。

猫的色素细胞只能分泌两种色素，真黑素和褐黑素，所以猫的被毛颜色只有黑和红(英文叫做红色，我们通常称作黄色)两种，但真黑素除了表现为黑色外，还有变体，表现为蓝色、棕色、淡紫色、浅黄褐色和栗色；褐黑素除了表现为红色外，它的变体还表现为奶油色、橘黄色、橘红色、红色等颜色。黑色和红色被视为传统的西方色，巧克力色和肉桂色被视为传统的东方色。而白色被毛是因为缺乏黑色素，白化基因起主要作用，其他颜色和图案的基因不能显现出来，因此看上去是全白的。

猫的毛色非常独特，会根据周围环境的变化而变化。在潮湿的环境下，猫的黑色毛发会变成偏棕色；在阳光的照耀下，毛发的颜色相比平时，会变浅一些；在温度比较高的地方，猫的毛色虽然会变得稍浅一点，但毛发会更加明亮。

猫的毛色有很多种，没有两只猫的毛发颜色是完全相同的，即便是同一个母亲生下的一窝猫仔，毛发的颜色也是有的深，有的浅。

单色

在猫的毛发中，毛根至毛尖都是同一种颜色就叫单色，单色的毛发还拥有标准的深度，换句话说单色指的是猫全身上下的毛发都是同一种颜色，常见的单色有白色、黑色、红色和黄棕色。纯白色的猫，全身上下的毛发是没有色素的，只要猫的父母中有一方是白色，就很有可能生产出一只白色的猫。纯黑色的猫的毛发中是不应该出现巧克力色和铁锈色的。红色起初被称为橘色，现在红色猫的颜色已经变得越来越纯正了。黄棕色是由黑色转换而来的，目前是一种新的颜色。

淡化色

淡化色是从深色中淡化出来的，影响淡化色的直接因素就是色素，猫的毛发中可能有一部分色素比较少，那么那个地方就会反射出白光，故而人们看上去就比其他正常地方的颜色寡淡一些。常见的蓝色被毛就是从黑色中淡化出来的，这种蓝色不是纯正的蓝，反而比较接近灰色，不仅如此，不同品种的蓝色的猫，它们身上的被毛颜色也是深浅不一的。

毛尖色

很明显，毛尖色是指猫的毛发几乎接近单色，但是在毛发的尖端部分有其他颜色，也就是说毛尖是有其他颜色的，毛根是浅色的。鼠灰色金吉拉猫和黑毛尖色英国短毛猫就是两个明显的例子。鼠灰色金吉拉猫的被毛几乎是银白色的,但是它们的毛尖却带着黑色;黑毛尖色英国短毛猫的被毛也几乎是白色的,它们的毛尖也是黑色。

渐层色

渐层色的颜色比毛尖色要稍微复杂一点,但毛根仍然为白色,只是毛尖上面的色素向下延伸了一点。在猫活动的时候,仔细地看,你可能会发现,在毛尖的下面还有一层颜色。较典型的是银色渐层波斯长毛猫和奶油渐层凯米尔猫。银色渐层波斯长毛猫的毛发根部就是白色,但是毛尖的黑色占据着整根猫毛的三分之一位置;奶油渐层凯米尔猫的毛尖为乳黄色,但毛根是白色的。

深灰色

深灰色与毛尖色、渐层色有相似点,如果你能从这三种不同颜色类型的猫身上分别"拽"下来一根毛,你就能清楚地发现,它们被毛只有上半部分有颜色,根部都是白色,或者说没有颜色。唯一区别这三种颜色类型的方法,是看毛发上颜色存在部分的多少,存在最多的颜色就是深灰色,存在最少的颜色就是毛尖色,渐层色居中。

斑纹毛发

斑纹毛发很有意思，将毛发上的颜色都分裂成了斑纹状，浅色毛发和深色毛发互相交叉，这样就可以成功地帮助猫隐蔽和躲藏。常见的拥有斑纹毛发的猫是阿西比亚猫和深红色索马里猫，阿西比亚猫的身上，深色和浅色有规律地排列组合；深红色索马里猫的被毛身上有较为规律的朱古力色斑纹。

猫的被毛图案

猫身上的不同被毛图案都是由不同的基因组合而产生的，因此大多数猫身上的被毛图案都是独一无二的，随着基因学技术的发展和育猫技术的进步，现在的人们已经可以根据自己对被毛图案的要求来改变猫身上的图案了。猫身上常见的图案有十种左右，我们来依次了解一下。

双色猫

顾名思义，双色猫就是猫的被毛颜色只有两种，最初人们只承认白色和红色、白色和蓝色、白色和乳黄色，这三种颜色类型的猫为双色猫，现在对双色毛的颜色要求宽泛了很多，白色与任意颜色相结合都是会被承认的。非纯种猫中的双色猫很容易被培育出来，但是能够参加猫展的、拥有标准花色的双色猫，培育起来并不是很简单。

重点色猫

重点色猫就是在猫的脸上、耳朵上、腿上、尾巴上和脚上，这些重点部位上的颜色相比其他部位的颜色要深一点。被称为重点色猫的要求不仅是这样，它们的眼睛颜色还必须是蓝色。猫被毛上的重点色会随着温度的变化和毛发的长短等，发生改变。

玳瑁色猫

黑色和红色均匀分布就是玳瑁色。玳瑁色猫的特点是脸上有红色或者乳白色的斑点，玳瑁色均匀分布在全身。由于基因的变化，绝大多数的玳瑁色猫都是母猫，如果你见到了一只玳瑁色的公猫，那么这只公猫一般没有生育能力。

玳瑁色白色猫

玳瑁色白色猫和玳瑁色猫的区别在于颜色，玳瑁色白色猫在黑色和红色的基础上，还增加了白色的斑块，所以玳瑁色白色猫也被称为"三色猫""花斑猫"。

蓝乳白色猫

蓝乳白色猫也叫做浅玳瑁色猫，它和玳瑁色猫只有颜色的区别，用蓝色代替了玳瑁色猫被毛中的黑色，用乳白色代替了其中的红色。蓝乳白色猫被毛上的图案分布也是不同的，有的猫身上是蓝色和乳白色相互交叉，有的猫身上则是两种颜色块状结合。

补片虎斑猫

这种猫是属于玳瑁色虎斑猫中的一种，它身上的图案不仅有玳瑁色猫的特点，还有虎斑猫的特点。

标准虎斑猫

它也可以被称为墨渍虎斑猫，在它肋腹部的两侧分别有较大的黑色牡蛎形状的毛块，它肩部的斑纹呈蝴蝶状，并且尾巴上会有很多道环纹。

斑点猫

斑点猫就是猫身上有圆或者椭圆的形状，在身体上均匀分布，也会一直延伸至尾巴。斑点的大小虽有不同，但是斑点与斑点之间的界限必须分明，尤其是乳黄色的斑点猫。

梵猫

梵猫也叫土耳其梵猫，它身上的被毛白而发亮，全身上下除了尾巴和头部有浅褐色或者乳黄色的斑纹之外，其余部分均为纯色，没有一根多余颜色的杂毛。

鱼骨状虎斑猫

　　鱼骨状虎斑猫的图案较为复杂，它们的身上被条纹布满，这些条纹通常是清晰并且较为狭窄的，它尾巴上的条纹像木栅栏一般，四肢的条纹和身体的条纹连在一起，胸部和脖子上的条纹像戴了项链一样，四肢关节处的颜色都与斑纹的颜色相一致。

THREE
找到与你有缘分的猫

　　猫咪在大小、被毛类型和性格方面各有不同，需要仔细挑选才能找到你喜欢的那一只。有时候我们也未必会从幼猫养起，也许遇到那只猫的时候，你就会知道原来这才是与你有缘分的猫。选择一只和你的生活最为契合的猫，人和猫才能过上幸福生活。

一、领养幼猫

大部分家庭在选择猫的时候，更偏向于幼猫。幼猫的可塑性强，主人能更好地调教幼猫的生活习性和习惯，这是其中的一个原因；另一个原因是幼猫小的时候非常可爱，大部分主人不会愿意错过陪伴幼猫长大的这一段过程和美好经历。

宠物店或宠物医院

宠物医院里的宠物大部分是主人弃养或者被丢在街边的流浪猫和犬，爱心人士将它们拣来，送去宠物店或者宠物医院，由专业人士照料。

如果你选择在宠物店或者宠物医院这一途径领养幼猫的话，可能会省下很多麻烦。毕竟宠物医院的幼猫都经过一定的身体检查，宠物医生对它们的身体状况和条件了解得很清楚，你能很方便地了解所有与猫有关的信息，例如性别、年龄、品种、是否患有疾病等等。

领养回家的幼猫可能会时不时接受领养机构的抽查和回访，查看主人对幼猫的照顾情况。目前很少有宠物店可以免费领养幼猫，宠物医院领养幼猫可能还伴随着一堆捆绑销售。领养代替购买固然是一种好的想法，但也要根据实际情况决定，不要冲动领养。

家庭认养

家庭认养最好选择知根知底的家庭或者朋友介绍的家庭，清楚猫的来源，这样对猫的了解会更多。人与猫之间也存在缘分，在决定认养前，先去繁育者的家中和猫做一个简单的接触，以免猫从一开始就对认养人产生抗拒。

家庭认养需要了解的事情很多，例如猫年龄、性别、品种、训练情况、疾病史和习惯性格等等，细心的认养者还会了解一下猫爸和猫妈的情况。

决定认养猫的时候，带猫去宠物医院做一个全面的体检，确保猫的身体健康。有的繁育者还会和认养者签订一系列的认养协议，甚至会提一些特殊的要求，例如每周要按时给繁育者发几个猫的视频和照片，有的繁育者还会不定期上门查看猫的状况，给猫粮、猫砂、猫窝提建议。

有的家庭认养轻松又简单，有的则是烦琐又复杂，需要你根据自身的情况和繁育者的要求，权衡之后再决定是否认养幼猫。

网络认养

随着现代信息技术的发展，很多爱心人士会在网站、贴吧、微博或者朋友圈等网络途径上，选择一只想领养的猫。虚拟网络的方式虽然方便快捷，但同时也方便了宠物贩子打着免费送养的旗号，进行贩卖宠物的勾当。

通过网络方式领养前，一定要知道对方的底细。可能网络上说好领养一只健康的猫，实际送到你面前的猫却身患重病，就连猫的图片都是虚构和伪造的，这让很多选择网络领养的人大呼上当受骗。

领养者可以选择在网络上找到繁育者，到他的家里，亲眼看一看要领养的猫并且带它去宠物医院检查，了解猫的基本信息和情况，如果没有大问题，就可以放心领养了。

　　网络信息中不乏真实信息且靠谱的情况，但大部分都是不靠谱信息，这就需要领养者仔细辨别、认真区分了。

二、收养流浪猫

生活中，很多人都想养一只可爱的猫来陪伴自己，看着躲在小区里、街道旁角落里瑟瑟发抖的猫常常同情心泛滥，想找一只看着顺眼就领回家收养的猫。但是，猫也有自己的意愿和性格，并不是你喜欢就一定会跟你回家。

救助站

顾名思义，流浪猫救助站就是拯救和帮助流浪猫的地方，救助站是一个不以盈利为目的的公益机构，主要用来保护小猫不受外来的伤害和虐待，救助被主人抛弃的小猫，给它们一个健康的生活环境，改善猫和人类之间的关系。救助站的员工多为志愿者，饲养流浪猫所需资金通常是私人捐助或者政府资助的。救助站主要宣传领养代替购买的理念，帮助无家可归的猫寻找合适的收养家庭。

如果你想收养一只流浪猫，但在你生活的周围没有找到流浪猫，去一个拥有合法资质的纯公益的流浪猫救助站看看，救助站里可能有几百只流浪猫供你选择，志愿者们也会耐心地给你介绍它们的基本情况。

附近的流浪猫

很多成年的流浪猫，它们适应了漂泊自由的生活，防备意识很强，不会轻易亲近人类，更不会随随便便跟你回家。未成年的小猫觅食本领和捕猎技术不成熟，可能经常处于吃不上饭的饥饿状态，身体各部位发育不完全，狂风暴雨对它们来说可能是致命的打击，人们给它喂一些食物，它们就会愿意亲近你，想跟你回家。

如果你找到了想要收养的流浪猫，不要强硬地把它带回家。对流浪猫来说，它们从一个熟悉的室外环境到达另一个全然陌生的地方，甚至还要面对陌生的人，这让它们感到不安和害怕，很难适应新的家庭生活，甚至会对带它回家的你产生敌意。

流浪猫的胆子通常很小，只要有陌生人靠近，它们多数情况下就会"呲溜"一声躲得远远的。你要先花点精力和它们相处一段时间，例如每天按时按点在固定的地方给它们投喂食物，给它们留点时间熟悉你、不害怕你。当你走到流浪猫的身旁，它不会远远地躲开你，在它心里你就已经不是陌生人了，这才是带它回家最好的时机。

收养流浪猫前后的准备

如果你已经下定决心要养这只猫，且已经与流浪猫很亲近了，最好先做以下几件事。

首先，第一时间带它去医院，做一个全面检查，确定这只流浪猫的性别、年龄、身体状况和疾病史。流浪猫会患上的常见疾病是耳螨和跳蚤，治疗难度不高。

值得注意的是，猫吃驱虫药和打疫苗不能同时进行，最少要间隔半月。因为刚打完疫苗后的流浪猫免疫力急速下降，这时候吃驱虫药，可能让它们产生呕吐和腹泻等副作用。体检时宠物医生会帮你预约打疫苗的时间，之后只需要定期带猫去医院打疫苗，每隔半年驱虫一次就可以了。

其次，给待在家里的流浪猫准备一些生活用品，这可能是它们最需要的东西。猫粮、猫砂、猫盆、猫的玩具等等，让流浪猫先适应一下家养的生活，引导它们正确上厕所、进食和喝水，给它们提供一个舒适的空间。流浪猫三个月大的时候，就可以喂它们吃猫粮了，不足三个月大的流浪猫，消化道没有发育完全，最好喂它们点羊奶粉。

把流浪猫带回家

如果你的家里还养着其他的猫，最好不要让流浪猫和它们直接接触，暂时将它们隔离一周左右的时间，这段时间可以让两只猫通过彼此的气味，知道对方的存在，避免新来的猫被家猫当做入侵者，在你看不到的时候发动攻击。如果你的家里没有养着其他猫，把流浪猫带回家后，可以让它自由活动，熟悉生活环境。

一定要记得给流浪猫按时清洁。虽然猫可以通过自己舌头的舔舐，将自己清洁干净，但洗澡可以保证猫的身上不残留其他细菌。流浪猫到家一周后，已经完全适应生活环境，这时就可以准备给它们洗澡。洗澡前要准备猫专用的清洗剂，既能使猫变得香喷喷，还能更彻底地清洁。注意，人类的清洗剂最好不要用在猫身上。洗澡时，给怕冷的猫保暖，洗完澡尽快吹干猫的毛发，避免其生病。

收养流浪猫最基础的工作就是这些，之后还要带猫去做绝育手术，记清楚每次打疫苗的时间，为它准备喜欢的玩具和食物。猫虽然看上去更爱自由，可一旦有了主人，还是会逐渐建立起对主人的依赖，害怕被抛弃。

选择收养流浪猫是个很重要的决定，做出这个决定的时候，你的身上就承担了一份不一样的责任，一念之间的想法改变了一只猫的整个猫生。所以，不要轻易放弃它，即使它会有点调皮、有点高冷。相信把它当做家庭中的一份子，你可能会感受到很多不一样的惊喜和快乐。

三、如何挑选猫

养猫不仅能改变一个人类家庭，还会改变猫的整个猫生。养猫需要慎重，选择猫也需同样谨慎。在琳琅满目的猫中，挑选一只合适且健康的猫，才是最重要的。

公猫还是母猫

公猫和母猫不仅性别不同，更重要的是性格和外表截然不同。要根据自己的喜好，在不同性格和外貌的基础上挑选不同性别的猫。

性格

母猫在幼年期比较黏人，产子或育儿后的母猫性格会变得独立、不会过分依赖主人，为了保护孩子和自己，它会展现出"任性、固执"这样的特点，并且逐渐开始具备躲避危险的警惕性和慎重性格。做了母亲后的母猫，具有一定的攻击力，最好离哺乳期的母猫和刚生下的猫仔远一点，以防被抓伤。

公猫不论年龄大小，性格永远像幼猫一样黏人，喜欢撒娇，愿意赖在主人身边，希望自己可以获得主人全部的注意力。公猫不需要喂养猫仔，故而没有母猫那样的警惕性和防卫本能，和母猫相比，单纯的公猫好似永远不会长大。

外表

母猫的脸部轮廓清晰，没有多余的赘肉，五官干净分明，有一双大而有神的眼睛，长相相对来说比较成熟。母猫虽然上半身纤细，下半身丰满，但看上去仍然会给人一种干净利落的感觉。

公猫的外表变化与绝育手术息息相关。发情前做了绝育手术的公猫，脸部轮廓会变得柔和，不会产生较大的变化，外表和性格一样，都会给人一种单纯和孩子气的感觉。没做绝育手术的公猫，脸颊上容易长肉，腮帮子也会较为突出，脸盘变大一圈，给人一种粗犷的感觉，甚至眼睛盯着你的时候，会变得凌厉。

公猫特有的雄性激素会使它长得比母猫更加健壮丰满，如果公猫在发情前期做了绝育手术，大小应该和母猫相差不多。

给猫做检查

猫和人一样，身体的健康状况大部分都会反应在身体上，想知道猫的身体是否健康，可以通过观察猫的耳朵、眼睛、鼻子、嘴巴、被毛和生殖器官来确认。

耳朵

我们都知道，毛发将猫的耳朵遮住，给细菌滋生和沉积提供了极大便利，长时间不清洁会导致耳部疾病。如果猫经常摇头或搔耳，耳道里有很多个红色疹状物，这是由耳螨的唾液刺激产生的红肿；如果猫的耳朵里含有颗粒状的蜡样物质，并且呈红褐色，这也是由耳螨感染产生的。具有这些症状的猫，目前都是不健康的，需要尽快带猫去宠物医院检查治疗。

眼睛

健康猫的眼睛通常是十分明亮且炯炯有神的，眼部周围不存在眼屎。观察猫的眼睛时，如果发现猫经常流眼泪，眼睛红肿、周围眼屎过多，很可能是因为感冒引起了眼睛发炎，也可能是眼周围细菌感染造成的。

鼻子

健康猫的鼻子是湿润和清爽的，鼻子上一旦产生秽物，多数情况下就是生病了。如果猫经常流鼻涕的话，可能患上了鼻炎；如果猫流的鼻涕是青黄色的话，可能是猫瘟；如果鼻子发白，可能患上了缺铁性贫血；如果鼻头较干，但不停地流鼻涕，可能是感冒了。

嘴巴

一般来说健康猫的嘴巴周围应该是干净且干燥的，嘴巴周围没有食物碎屑，不会附有唾液，牙龈呈健康的粉红色，一旦猫的嘴巴不符合以上特征，多数情况下猫应该是生病了。如果猫的嘴巴里时常有异味或恶臭，可能是猫的牙龈发炎，也可能是患有肠胃炎、脱水等疾病；如果猫经常流口水，猫可能有炎症或者是身体的某个部位受伤了。

被毛

人们挑选猫时第一眼会看的就是被毛，如果猫的被毛粗糙、无光泽，很显然这只猫是不正常的。如果猫经常用嘴巴去咬身体上的毛，很可能猫患上了皮肤病；如果猫不在换毛期大量掉毛，可能是由营养不良或者长期食用含盐量较高食物引起的。

生殖器官

观察猫的肛门和生殖器官，也是判断猫是否健康的标准之一。健康猫的肛门和生殖器通常是比较干净的，周围的被毛上没有任何粪便和污秽物，也没有任何分泌物，不符合以上条件的猫大部分是不健康的。

有证书的猫

人有身份证，那猫也应该有属于自己的证书，证书不仅可以证明自己的身份，还能让人们知道它的健康状态等等。猫应该有属于自己的注册证、打疫苗的手册、兽医的检查报告，数量不多的纯种猫还需要有属于自己的纯种猫证明书。

疫苗手册

为了确保猫的健康，给它们准备的疫苗会不止一种，不同的疫苗有不同的功效，选择猫的时候最好选打疫苗次数多的那一只。

猫三联疫苗是一种可以预防三种常见的比较严重的病毒导致的疾病的猫疫苗，也是目前较为受欢迎的，它可以预防猫瘟、传染性鼻气管炎和猫杯状病毒感染，需要每年注射一次。狂犬疫苗主要用于预防狂犬病的发生，每年应接种一次。为了预防猫瘟，有专门的猫瘟疫苗，需每年注射一次。

兽医检查报告

在领养猫之前最好带它去宠物医院做个基本检查，兽医的报告中会详细告诉你猫的性别、年龄、品种、所患疾病等一系列情况，兽医检查报告能更好地表明猫的健康状况和其他基本信息。

纯种猫证明书

如果你想要领养的猫是一只纯种猫，那么纯种猫证明是必不可少的。通过纯种猫证明书，你可以清楚地知道这只猫父母亲的信息和照片、猫的健康程度和注册信息。

FOUR

迎接家庭新成员

人类的饲养和关怀可以轻易改变猫的整个猫生，虽然把它带回家是一件异常令人激动的事情，但人类和猫不一致的生活方式和生活习惯可能让这种欣喜大打折扣。所以要做好充分准备，再迎接家庭新成员。

一、养猫的基本装备

新手主人在把猫接回家之后，一般并不知道要根据猫的特点来选择养猫用具，常常会买一些不实用的东西。为了可以让猫生活得更加舒适，也为了避免不必要的麻烦，来了解一下养猫的基本装备吧。

猫窝

顾名思义，猫窝就是猫睡觉的地方，和人类睡觉的床一样。猫每天要睡至少 14 个小时以上，睡觉占据了猫每天三分之二的时间。猫有时为了寻找一个舒服的睡觉环境，会在家里每个角落钻来钻去。如果有一个舒适的猫窝，不仅能更好地保

猫窝

证猫的睡眠质量，还能避免很多造成猫生病的可能。

猫喜欢待在狭窄的地方，例如纸箱子、木箱子、塑料盆和小篮子里，猫窝就可以用这些东西作为原材料，不仅猫喜欢，愿意待在里面，而且便于主人清洗和消毒。猫窝的内部和外部必须保证光滑、无棱角，这样能防止尖锐的东西划伤猫脆弱的皮肤。最好在猫窝的底部放一个柔软的垫子，这个垫子可以用报纸制成，也可以用柔软的毛巾和旧床单制成，这种原材料简单的垫子同样可以使猫觉得舒适和温暖。在饲养猫的过程中，为了保证猫的生活环境干净整洁，猫窝和垫子需要经常更换，换下的旧物可以烧掉。值得注意的是，并不是贵的东西就一定是适合猫的，给猫使用自己做的手工品，一样可以让它感受到主人对它的爱意。

放置猫窝的位置也是有讲究的，不能买好猫窝后，直接往家里的角落随便一放，猫可能会对这个猫窝不屑一顾。猫窝最好能够放在高于地面的位置，这样猫窝可以有良好的通风，时刻保持清爽，这对猫窝的清洁有很大的帮助。猫是一种害怕寒冷、喜欢阳光的动物，猫窝不适合放在阴暗潮湿的地方，尤其是家里的角落。放置猫窝的地方，最好能够经常照到阳光，猫为了晒太阳，会经常主动进猫窝的。

面对市面上眼花缭乱的种种猫窝，如何给家里的猫选择一个适宜的猫窝，一定是件令人头疼的事情。选择猫窝，可以根据猫身体的特点、季节、年龄和喜好来进行。

根据猫的状态选择猫窝

刚出生的猫仔、正在哺乳期的母猫、正在生病的猫，不能随心所欲地在家里跑来跑去，身体虚弱的它们不能吹风，甚至有的猫连出猫窝都是件费劲的事情。根据这些猫的状态，为它们选择的应该是出口较小的半封闭式猫窝，这样一个较为封闭的环境，可以给它们很多安全感。

夏天出生的猫仔，在迎来第一个冬天的时候，细心的主人需要给它们重新选择一个更为温暖的猫窝。因为中国南方的冬天气候阴冷，空调的

猫窝

暖风对猫来说可能有点低；而中国北方的冬天，屋子里暖气温度则较高。由于猫和人适宜的温度不同，这些都是为猫选择一

个可以挡风、维持温度的猫窝的原因。有小洞的半封闭式猫窝,对猫来说不仅有隐蔽感,还能带来温暖。

根据季节选择猫窝

每年的春秋两个季节,气候温和适宜,对猫窝的要求不是很高,主人可以根据猫的喜好来选择猫窝,例如放在猫窝底部的垫子,有的猫喜欢报纸制成的、有的猫喜欢草编成的,主人只需要观察猫的喜好,选择一款猫最喜欢的就可以了。

猫窝

在寒冷冬天使用的猫窝,保暖性能的好坏是第一个要考虑的问题;而在炎热夏季使用的猫窝,散热性能是最重要的选择依据,藤条制作的猫窝比草制作的猫窝缝隙更大,说明藤制的窝比草制的窝散热性和透气性更好,这种猫窝是猫夏天最好的选择。有时主人会发现猫趴在猫窝旁边,却任性地选择不进去,这可能是因为已经到了冬天,你给猫提供的猫窝还是夏天散热性能较好的那个窝;而在夏天,如果给猫提供的是冬天保暖性能较好的那个窝,猫躺在不合适的猫窝里,感觉不舒服,就会宁愿趴在地板上，都不愿意进猫窝。

让猫可以随心所欲

猫原本睡无定所，床底、沙发、窗台、柜子顶，只要它觉得舒服，房间里每个角落都可以是它睡觉的地方。猫窝存在的目的本来就是让猫有一个固定的地方休息，猫在猫窝里也许会翻着肚皮酣然大睡，也许会小心仔细地打理毛发，也许只是眯着眼睛享受一会儿阳光的沐浴。有的猫性格随性，不喜欢待在固定的地方休息，在它看来，猫窝可能是禁锢它自由的地方。主人可以整理好猫喜欢待着的每个地方，让它们不论待在家里的哪个角落，都能舒舒服服地待着。

选择时尚个性的猫窝

选择猫窝的时候，在满足功能的基础上，设计感也必不可少，高颜值的猫窝不仅会带给猫新鲜感，还能给主人一种赏心悦目的体验。在宠物商店里，有很多不同造型的猫窝，例如仙人掌造型。这种猫窝的外表是绿油油的，放在家里给人一种贴近自然的感觉，仙人掌上面还有几个小小的仙人球，其制作材料主要是棉布，这种猫窝的优势不仅在于结实漂亮，还在于猫可以毫无顾忌地又抓又拽，磨爪子的时候不会残害主人家里的沙发和各种家具。当然猫窝的外型不仅只有这个，主人可以根据自己的经济实力和猫的喜好，在满足功能性的前提下，选择一款最适合的猫窝。

餐具

　　猫进食的餐具可以分为两种，一种是喝水的碗，另一种是吃饭的碗。在给猫选择餐具的时候，最先应考虑购买的是不易碎的材质，并且分量较重的碗，因为只有这样，猫在进食的时候餐具才不会容易滑出去，例如不锈钢材质；塑料材质的餐具是需要每年更换一次的，以确保猫的健康。餐具要选择环保材质的，因为猫磨牙的时候，经常会来啃食餐具，如果餐具有毒的话，猫很容易将细菌和有害物质吃进肚子里；餐具的材质最好是不容易留下牙印的，餐具上留下牙印，不仅清洗起来很难，并且容易滋生细菌。

不锈钢材质的猫碗

陶瓷材质的猫碗

餐具一定要防滑，否则你的猫可能会推着餐具满屋子乱跑，碗底带有防滑圈的最好，一般设计成下面大、上面小的"塔式"。陶瓷质地的餐具，因为本身就很重，一般就不需要上面两种设计了。

餐具一定要垫高。对于一些大型猫来说，高一点的餐具，可以让它们吃时更舒服，不至于吃得急了噎着，还能预防颈椎问题等。如果是加菲猫、波斯猫这些类型的猫，它们因为面部较平，并且脸部毛发较多，建议选择倾斜式的餐具。避免使用水碗、饭碗连在一起的餐具，这样的餐具不仅容易弄湿放在里面的食物，还容易将食物沾在猫的身上，加大清洗餐具和清洁猫的难度。

选择便于清洁的餐具，比如双层设计的餐具，清洗的时候只需要洗其中的一部分，晾干也容易，不会轻易沾染细菌。

有支架的猫碗

经济条件比较好的主人，可以选择一些较为人性化设计的餐具。餐具上一些带把手的设计，可以方便主人拿起来。选择慢食盆的设计，可以避免猫因为吃东西的速度太快，发生呕吐的状况，进而对肠胃产生伤害。

猫粮

猫粮是猫吃的所有食物的总称，里面含有猫每天需要摄入的营养，是它们生命中不可缺少的一部分。猫粮一般可分为干粮和湿粮，一般都便于保存，食用方便，这大大迎合了都市养猫的快节奏生活，深受人们喜爱。品质好的猫粮能够使猫身上的毛色更加鲜亮，还能够锻炼和清洁猫的牙齿。猫对食物的要求很高，有时即使是主人耗费大量金钱给买的，如果不是它喜欢吃的，猫都会不屑一顾。

猫粮的种类和口味五花八门，例如幼猫粮、成猫粮、老年猫粮、美毛猫粮和绝育猫粮，不同年龄层次的猫和不同身体状态的猫，适合吃的猫粮都是不同的，选择合适且猫喜欢的猫粮，是一件比较重要的事情。

猫粮的主要成分

猫粮的好坏和猫的健康息息相关，在购买猫粮前，我们要简单了解一下猫粮中含有的几种主要成分。

质量高的猫粮中首先含有丰富的植物性蛋白，而猫吃杂粮后没有吃大米那么容易被吸收，所以大米就是猫粮的主要成分之一。质量差的猫粮为了降低成本，会用其他廉价的谷物来替代大米。

骨粉也是猫粮中不可缺少的一部分。顾名思义，骨粉就是以牲畜的骨头为原料而生产的粉末，质量好的猫粮中含有骨粉的原料都来自三文鱼，但质量差的猫粮中含有的骨粉则是用许多不知名的牲畜的骨头烘干后磨碎添加进去的，这样随意添加的骨头来源不明，食用后可能对猫的身体有危害。

猫是食肉动物，动物性蛋白可以给猫带来所需的必要能量，猫粮中会添加肉食是可想而知的事情。质量好的猫粮添加的是较易被吸收的优质鸡肉，而质量差的猫粮甚至会用禽肉副产品的粉末来代替。所谓禽肉副产品指的是由鸡头、鸡嘴甚至鸡毛烘干后磨碎加工成的产品。由此可见，质量差的猫粮不仅不能保证猫所需的营养，也不能保证猫粮的健康卫生。食用质量差的猫粮后，猫很有可能难以消化而产生肠道疾病。

为了保证猫粮有较长的储存时间和诱人的色泽，猫粮中会添加一定的添加剂和色素，添加剂中一般包括防腐剂、诱食剂和调味剂。质量好的猫粮采用的防腐剂一般是从动物的脂肪中提取出来的，为了保证猫粮颜色的纯正，会采用谷物作为猫粮的着色剂，质量好的猫粮颜色通常为棕色或者浅棕色。而质量差的猫粮为了吸引顾客，会将猫粮制作成五颜六色，这些颜色产生的原因是添加色素过多，猫粮中添加的防腐剂可能是人工防腐剂。猫食用过这种质量差的猫粮后，可能会让猫的抵抗力下降，从而引发各种疾病。

选择什么样的猫粮

在清楚猫粮的主要成分后，接下来要做的事情是，为家里的猫选择一款合适的猫粮。在选择猫粮前要有这样一种意识：猫粮不是价格越昂贵，品质越高档就一定是越好的，很可能猫的肠胃吸收不了高档猫粮中的营养物质，因此，适合猫体质的猫粮才是最好的。

购买猫粮时，要以保证猫咪健康为目的。学会看猫粮的成分表，尽量选择以肉食为主的猫粮，最好是猫粮上明确标注其中所含有的肉类成分是鸡肉还是羊肉。如果成分表中写着含有家禽或者动物的副产品，这一类猫粮是不建议选择的。

根据不同的需求选择猫粮，养在室内的猫通常运动量较小，猫粮中脂肪的含量不适宜太高。猫通过用舌头舔舐的方式清洁自己，肠胃里或多或少会有结团的猫毛，可以喂它吃含有去毛球配方的猫粮。猫粮的种类不止于此,还有含防止皮肤敏感的配方猫粮、防止尿结石的配方猫粮、含有防止胃敏感的配方猫粮、帮助猫保持牙齿健康的猫粮等等。主人在购买猫粮的时候,可以根据不同的需求来选择。

人工防腐剂可能会对猫的身体健康有所危害,最好购买含有天然防腐剂的猫粮,常见的天然防腐剂是维生素 C 和维生素 E。给猫喂食猫粮的时候,一定要看清楚猫粮的生产日期和过期时间,天然防腐剂的保存期限没有化学防腐剂的保存时间长,一般干粮的存放期是 1~2 年,如果在开封的时候发现猫粮的味道不新鲜或者有其他异味,不建议给猫喂食。

怎样选择猫粮

在了解猫粮的成分、选择猫粮的要求之后,我们还需要知道怎么样选择猫粮。通常情况下,选择猫粮只需要四个方法:望、闻、问、摸。这四个方法好似我们去看中医时,医生会用的方法,此刻主人需要像一个医生一样,来判断猫粮究竟有没有问题。

◎方法一:望

望就是要观察猫粮的颜色,正常情况的猫粮一般呈棕色或者浅棕色，营养成分越高的猫粮，它的颜色就越深。不建议购买市场上五颜六色的猫粮和散装的猫粮，因为散装的猫粮长期暴露在空气中，空气中的尘土或者街边的细菌会漂落在散装猫粮上，猫粮很容易变质，同时也会失去猫粮原本的味道，给猫喂食散装猫粮无异于把一把细菌塞进猫的嘴巴里；颜色鲜艳的猫粮中含有过多色素，长期食用会使猫的免疫力下降。

◎**方法二：闻**

闻就是要用鼻子分辨猫粮里是否添加了香味剂。香味剂的种类多种多样，很难从猫粮浓郁的味道上闻到香味剂的存在，没有香味不代表没有添加香味剂。如果你在购买的猫粮中闻到了类似烧麦的味道，说明猫粮就是用劣质的油制作而成的；如果你在猫粮上闻到不新鲜的味道，说明猫粮已经过期了；如果你在猫粮上闻到了玉米面的味道，说明制作猫粮时采用了劣质的材料，甚至购买的猫粮是堆积了很久的囤货。

质量好的猫粮一定是味道浓郁且香味自然的，不会出现任何化学气味。主人在购买猫粮时，最好带着你的猫一起，猫的嗅觉比人类灵敏很多，人类闻不到的东西，猫可以轻易闻到。如果猫粮里添加了很多添加剂和腐烂的东西，它们闻到会躲得远远的。带猫一起买猫粮，还可以避免买到的猫粮中有猫不喜欢的味道，防止猫"绝食"。如果猫粮的味道是猫喜欢的，猫会凑在猫粮旁边，用它的方式告诉你。

◎方法三：问

问就是问问题，问宠物医院的医生问题。如果你的猫在食用猫粮后有耳朵发红、不停掉毛、恶心呕吐并且身上起疹子这类的症状，可能是对某些食物和其他成分过敏了，带猫去医院检查一下，了解猫的身体状况，问清楚医生猫对什么过敏、应该避免吃哪一类猫粮后，再重新选择猫粮，尽量给猫吃低过敏性的皮肤病处方食品。

◎方法四：摸

在购买猫粮前，先用手摸一下，猫粮摸起来越酥软，说明猫粮的质量越好。猫粮中含有的淀粉需要价格很昂贵的机器制作，才能使猫粮变得松软膨化，这也说明猫粮的制作工艺精细。摸起来不干的猫粮，说明里面含有的营养成分较高，例如油脂类。将猫粮泡在水里，如果猫粮的吸水性很强，这说明很容易被猫的身体吸收，如果猫粮的吸水性不强，那么猫很容易由消化不良引起肠胃疾病。

注意猫食用猫粮后的反应

观察猫对猫粮的反应，确定猫粮是否适合你的猫。猫在食用猫粮的6~8周后，通过观察猫毛发的颜色、体重的变化、大小便是否通畅、趾甲的长度变化，来判断猫是否适合这种类型的猫粮。如果你的猫在食用猫粮后毛皮变得干燥没有光泽、出现脱毛和瘙痒的状况，可能猫对这种类型猫粮中的某一种成分过敏，或者不适应其中的营养成分。

在更换猫粮的时候，一定要注意猫的排泄物，如果猫的排泄物伴有恶臭，这是因为猫的消化系统一时间无法适应新的猫粮而产生的状况。若猫的粪便长时间伴有恶臭，且持续时间较长的话，说明这款猫粮不适合你的猫。正常情况下，猫的粪便应该是实而不硬、无恶臭、不稀的。

猫砂

猫砂是主人在养猫过程中，专门为猫准备的，主要用来掩埋猫的粪便和尿液。猫砂遇到水会凝结成块，主人打理起来也毫不费力。猫砂对于猫的意义就像卫生纸对于人的意义是一样的，受过训练的猫会主动排泄在猫砂上，通常和猫盆放在一起供猫使用。猫砂吸水性较好，同时也消耗得很快，是养猫家庭中的必需品和必要囤货。

猫砂的类型

猫砂与猫的生活息息相关，如果你购买到的猫砂是猫不喜欢的，它会视而不见，且很有可能在屋子里随地大小便，不仅给主人的生活带来极大的不便，囤着的大量猫砂也会被浪费。现在随着猫砂制作技术的不断进步，猫砂的种类也五花八门，市场上常见的猫砂主要有以下几种，分别是水晶猫砂、松木猫砂、膨润土猫砂和玉米／豆腐猫砂等。事实上，适用于所有猫的猫砂是不存在的，因为猫本身的性格和特点就千差万别，对于不同的猫砂，要了解它们的特点并且选择一种最适合你的猫的猫砂。

◎水晶猫砂

水晶猫砂被称为猫砂中的白富美。它的吸水性较强，遇到液体后会变色，当猫盆中的猫砂大部分都变色后，就能清楚地提醒主人换猫砂的时间。水晶猫砂不仅粉尘

水晶猫砂

比较少、重量轻、有优异的除臭功能，最重要的是，它还有抑制

细菌生长的能力。使用水晶猫砂后,主人在清理猫的排泄物方面会减少很多工作量和时间,适合忙碌的上班族。水晶猫砂唯一的缺点是用得很快,平均一个月要更换一袋,价格略高,猫主人可量力而行。

◎松木猫砂

相比其他种类的猫砂,松木猫砂是较为环保的一种,因为它基本没有粉尘,猫在使用的时候,不会从猫盆里带出细碎的粉尘,乱七八糟地洒在家里的地上。松木猫砂的原料来自樟子松,这种类型的猫砂不仅有抑菌的成分还有除臭的效果。和其他猫砂不同的是,松木猫砂的颗粒比较大,遇到液体后会变成粉末状,而其他猫砂大多遇到液体会凝结成块状或者团状,主人只需要把猫盆里较大的猫砂挑拣出来即可。相比其他猫砂,松木猫砂则难打理得多,需要主人仔细清洁猫盆底部的颗粒,但是使用过后的猫砂可以直接冲进马桶,不仅不会对环境造成污染,而且还是优质的化肥,一个星期清理一次猫砂就可以了。

松木猫砂

松木猫砂的味道比较

大，可能你的猫不会喜欢这种味道，而且猫砂的颗粒比较大，使用时猫的爪感可能不会很好，这是购买前主人需要提前考虑的。

◎膨润土猫砂

这种类型的猫砂是最普通的，使用家庭数量最多，也是最经济实用的一款猫砂。这种猫砂不仅吸水性较强，而且很容易结团，猫在排泄粪便后，猫砂会自动粘连在粪便上，主人只需要将猫盆中粘连着的部分挑拣出来就可以了。不仅如此，这种猫砂爪感较好，有一定的吸臭能力，深受猫和主人的青睐。唯一美中不足的是，这种类型的猫砂粉尘较多，猫很容易将猫盆里的粉尘带出来，踩得家里到处都是。建议在使用这款猫砂的时候，在猫砂盆前放置一个猫脚垫，清理猫爪子上可能会带出的粉尘。

膨润土猫砂的清洁频率相比其他种类可能会高一点，需要主人每1~2天清理一次，每周重新更换一次猫砂。处理猫砂的时候，不要把它们冲进马桶，以避免堵塞。

膨润土猫砂

◎玉米/豆腐猫砂

顾名思义,玉米/豆腐猫砂是以玉米或豆腐为主要原材料制成的,它们不是同一种类,但区别较小,都是纯天然制品,很少有化学添加剂,而且接近食物的味道,比较清淡,就连嗅觉比较灵敏的猫都能比较好地接受。这种猫砂适合刚出生不久

豆腐猫砂

的幼猫,因为猫砂中含有的植物纤维,不仅能除臭,少量误食也不会对幼猫的身体造成危害,但食用过量可能会对猫的身体造成一定影响。使用这种猫砂,建议主人清理后倒入垃圾桶。

猫砂盆的摆放

猫爱干净是众所周知的,挑剔也同样是众人皆知的。有的猫不会介意猫砂盆摆放的位置,只要放在那里,就会乖乖去使用,但有的猫并不会那么配合,如果你的猫砂盆摆放的位置不合适,傲娇的猫可不一定会做出什么样的事情。在养猫家庭中,猫砂盆应该准备两个,一个摆放出来供猫使用,另一个放起来备用,防止万一猫砂盆出现问题,猫不能正常排泄。

猫砂盆不要放在猫的水盆和饭盆旁边。猫的嗅觉比人类灵敏很多，如果你把猫砂盆和饭盆放在一起，猫很可能会忽略猫砂盆的存在，而去家里寻找其他适合排泄的地方，甚至可能会拒绝吃饭或者拒绝在猫砂盆里上厕所。

猫砂盆要放在安静宽阔的地方。猫在宽阔的环境里上厕所可以轻易地观察到周围的情况，并且安静的地方会给猫带来安全感，人们通常会选择将猫砂盆放在阳台或者卫生间里，这样还能让主人更直观地观察到猫的排泄情况，更早地发现猫可能会患上的疾病。

值得注意的是，猫砂盆不要和电器放在同一空间，例如洗衣机。洗衣机在清洗衣服的时候，或多或少会发出声音，这种声音可能会吓跑胆小的猫。电器开始工作的时候，会不断散发热量，这样的热量会让猫砂盆里本身有的味道变得更加浓郁，时间久了以后，嗅觉灵敏的猫可能不会在猫砂盆里上厕所。

没事不要随意挪动猫砂盆。不仅人有行为习惯，猫也有，一旦猫习惯了摆放猫砂盆的位置，就会按照记忆中的路线，直接跑过去。如果主人轻易地把猫砂盆的位置挪开，猫可能会变得无所适从。如果更换猫砂盆摆放的位置是必须要做的一件事，记得引导猫熟悉新的猫砂盆位置，这样它们在排泄的时候才不会无所适从，随地大小便。

如果养猫的地方足够大，例如复式公寓或者别墅，最好多买两个猫砂盆，分别放在不同楼层的同一位置，这样可以减少猫找厕所的时间。如果你的猫待在别墅的一层，但猫砂盆放在别墅顶层，猫需要迅速地爬越很多阶梯，才能到达猫砂盆的位置，这件事对于年轻体壮的成年猫来说，是一件轻松就能完成的事情，但如果你饲养的猫是一只年老的或者年幼的猫，走到猫砂盆的位置对它们来说都是困难的，随地排便也一定会是经常发生的事情。猫砂盆摆放的位置，一定要方便猫上厕所。

如果你在家中不止养了一只猫，并且还有其他宠物的话，主人要花费的心思可能更多。必须确保摆放猫砂盆的位置是其他宠物触碰不到的，防止宠物间产生矛盾。另外，带盖的猫砂盆是个不错的选择。

猫砂的处理

猫砂是必需品也是消耗品，每天产生的废猫砂该如何处理应该是养猫家庭需要考虑的问题。很显然，猫砂的种类不同，处理方式也各不相同，如果把不溶于水的猫砂丢进马桶，很容易造成下水道堵塞，但溶于水的猫砂会随着水流被冲走。废弃的猫砂该怎么处理呢？

如果养猫的家庭中同样养着花，废弃的猫砂收集起来，是可以作为花的肥料的。需要特别说明的是，猫砂需要消毒并且发酵之后，才能放进花盆里作为肥料，如果猫主人没有处理和发酵猫砂，直接将"新鲜"的废弃猫砂扔进花圃，花苗很可能会受不了猫砂中的成分而被"烧坏"甚至"烧死"。假如猫主人没有掌握将猫砂变为花肥的技术，最好不要轻易将其放入花盆中。

　　处理猫砂最常见的办法就是将猫砂收集起来，用袋子仔细包裹好，再将它们扔到较远的垃圾池中。使用后的猫砂通常气味很大，如果扔在居民楼下的垃圾池中，遗留的臭味可能会影响到周围的邻居。在处理废弃猫砂的时候，如果猫砂比较湿，尽量多用几层塑料袋严严实实地包裹住，避免环卫工人在运送垃圾的时候轻易将袋子捅破，影响环卫工人的正常工作。

　　一部分猫砂可以选择用马桶冲走。溶于水的猫砂，例如松木猫砂、玉米猫砂或者豆腐猫砂等是可以用马桶冲走的，主人在处理的时候，可以分批次、少量多次地倒入马桶中，一次倒入太多也可能会堵塞下水道。混合猫砂是不能用马桶冲走的，例如混合猫砂中的水晶猫砂和膨润土猫砂，这两种猫砂不溶于水，即使其中加入了可溶于水的玉米猫砂，同样不能倒进厕所，扔到垃圾堆里是最稳妥的选择。

新旧猫砂

主人如果想要给猫更换一种新的猫砂，是需要一定过渡期的，因为大多数猫不喜欢改变目前的生活状态和生活环境，猫砂就是猫不喜欢改变的。猫在新旧猫砂过渡期间，有以下三个需要猫主人注意的地方。

首先，准备更换的新猫砂要适合猫，如果更换的新猫砂不适合你养的猫，这个过渡期只是让猫更加不舒服和不自在，不管怎样，猫的感受永远是主人选择猫砂需要第一个考虑的问题。如果你养的猫对味道比较敏感，最好不要选用松木猫砂，因为它的味道比较大；粉尘较多的膨润土猫砂也同样不适合对味道敏感的猫；主人可以选择几乎没有粉尘并且味道清淡的豆腐猫砂和玉米猫砂。如果你的猫对爪感要求较高的话，主人最好不要选择水晶猫砂。选择新猫砂的时候，需要注意的不仅仅只有这几个问题，主要是根据猫的喜好和身体状况，选择一款最适合它的猫砂。

新旧猫砂在更换的时候，猫周围的一切环境和熟悉的事物，最好都不要做任何的改变。因为猫是一种很"念旧"的动物，没有意外发生的情况下，它们通常会延续着原来的生活方式永远不会改变，它们不愿意为了尝试新事物，而破坏目前舒适安逸的环境。如果主人在更换猫砂的时候，把猫使用的其他东西也做了替代，熟悉的环境被改变，猫会感到不适和害怕。

更换猫砂的过程，是一个需要适应的过程。如果猫主人性格比较急躁，刚买到新猫砂就迫不及待地换掉旧猫砂，不知所措的猫可能会拒绝在猫砂盆里上厕所，而在家里选择一个熟悉的角落进行排泄。在新旧猫砂更替的过程中，应逐渐在旧猫砂里掺新猫砂，第一次可以先放旧猫砂量的百分之二十，第二次涨到百分之四十，第三次涨到百分之八十，最后全部更换成新猫砂，这样逐渐适应的过程是猫更能接受的方式。

猫砂的选择

不同状态下的猫使用的猫砂也是不同的，例如怀孕的猫使用的猫砂和平常使用的应该是不同的，公猫和母猫使用的猫砂也应该是不同的，就像人类一样，随着年龄的增长，穿的服装也会逐渐变化。

怀孕的母猫经常会在家里不停地徘徊观察，这是它们在寻找一个它们认为安全的、可以顺利产下小猫的环境。猫砂盆会给它们安全感，所以很多母猫会选择在猫砂盆里生产。这段时间，主人应该准备一些无毒的、粉尘少并且不结块的猫砂。

因为猫仔刚生下来的时候，身上是湿的，如果猫砂粘在湿润的猫仔身上，不及时处理，猫仔可能会有生命危险。猫仔刚生下来时呼吸道比较脆弱，如果猫砂中粉尘含量较高，可能会导致猫仔窒息而死。

刚断奶的小猫就像人类的婴儿一样，对食物的选择和判断没有成年猫那样精准，看见什么都想伸出舌头舔一舔、放在嘴里嚼一嚼，在猫砂盆上排便的时候，很可能会因为好奇误食猫砂。如果给小猫提供的是膨润土猫砂，小猫很容易因为消化不了，导致肠胃堵塞，严重的还会造成死亡。最好给刚断奶的小猫提供可以食用的玉米猫砂或者豆腐猫砂。

公猫也需要选择猫砂。公猫在排泄的时候，身上的生殖器官可能会碰到猫砂，如果给公猫使用的是粉尘多的猫砂，很容易引起泌尿系统的疾病。公猫排泄后的味道很大，购买猫砂的时候，吸味强的猫砂是要最先考虑的。建议给公猫提供豆腐猫砂，不仅粉尘含量少，并且吸味的效果很好。

猫笼

驱车外出玩耍或者带猫去医院的时候，一直抱着猫是件不切实际的事情，但不抱着又害怕动作敏捷的猫跑远，猫笼安全便捷的作用就显现出来了。

　　猫笼的透气窗通常是由黑色的网纱做成的，这样猫不仅能呼吸到新鲜的空气，还能观察到外边的世界。猫笼里还会设置一个连接猫项圈的挂钩，这是为了防止打开猫笼时，猫突然窜出去发生意外。

猫笼的选择

　　猫笼的价格和质量是层次多样的，就连外表都五花八门，好的猫笼不仅用着放心，猫也不会抗拒抵触。

◎功能性

　　夏天使用的猫笼透气性要好，冬天使用的猫笼则要更注重防冷。猫笼的开口处最好选择上掀式，它比左右开口更为方便。清洗的简易程度也是选择猫笼的重要标准之一，因为猫笼不可能永远不清洁。主人还要根据外出方式选择猫笼：如果出门步行的话，选择能放置在推车架上的外出笼；如果乘电动车的话，选择能够在脚踏垫上放得下的笼

猫笼

子；如果开车的话，就不需要这么多要求了。

◎安全性

既然猫笼的主要作用是带猫出门，还要安全地把猫带回家。针对猫笼的安全性，需要考虑猫笼的牢固程度、可载限量、是否容易逃脱等因素。若猫笼的开口方式设计不合理，猫会很轻易打开笼子逃脱出去，布类的猫笼口多为拉链，很容易让猫私自打开。若猫的体重超过三千克，但猫笼的可载限量只有两千克，很容易产生猫笼断裂等安全问题。

◎舒适性

可以根据猫的性格选择适合猫的笼子，例如性格内向的猫，为它选择隐蔽性较好的猫笼；性格外向的猫，为它选择视野较好的猫笼。

猫笼

各式各样的猫笼各有优缺点，例如布类的笼子通常比较软，但没有较硬的支撑，会直接压在猫的身上；硬式的笼子，四周有支撑，笼内空间结构大；背带式猫笼虽然可以帮主人节省力气,但往背上背的瞬间和放下的瞬间,猫笼重心不稳,猫易产生不安情绪。

如何让猫爱上猫笼

猫会害怕猫笼的原因大多来自它的主观记忆和印象,猫笼可以帮它回想起去宠物医院打针或者去美容院洗澡的不安印象,时间一长,猫会拒绝再次进入猫笼。

想要扭转猫对猫笼的印象,首先要把猫笼放在猫经常休息的地方,让猫习惯猫笼的存在,在猫笼里放一些猫喜欢的玩具或食物,把猫笼的开口处打开,长时间不关闭,吸引猫进去探险,猫会逐渐将猫笼视为一个安全舒适的据点。

可以经常用猫笼带猫外出玩耍,去家附近的公园、去同样养猫的朋友家、把猫装在猫笼里外出遛弯都可以,猫逐渐会扭转对猫笼的认知,打开猫笼不会觉得这只是要去医院和美容院,而且,同样它也会慢慢熟悉汽车引擎发动的声音。

★ 专题　猫和狗是天敌吗？

在人们眼中，猫狗就是一对与生俱来的"冤家"，虽然它们可以分别独立地与人类相处，但只要两者一见面，必有一场激烈的"战争"，狗咬猫、猫抓狗的情形随处可见。有的人看到猫狗每天决斗，就主观地认为猫狗必是天敌，事实上并非如此。

猫狗本来就是两种互不相同的动物，想要了解它们之间的关系，最好先知道猫狗为什么一见面就会打架。打架的原因无非有两种，一种要追溯到几千万年前，另一种是生活习性和身体语言的差异。

猫狗表达情感的方式各不相同，甚至是完全相反的，一方的善意举动会被误解成不友好和宣战，可能狗想对猫表达善意，但在猫眼中，狗却是在挑衅。例如，猫是在遇到敌人的时候才会摇尾巴，这种举动意味着警告，而狗在示好或者开心的时候，会不停摇尾巴，猫就会以为狗在宣战，故而发动了攻击。猫示好的时候会选择竖起尾巴，而狗一旦竖起尾巴，则表明此刻它对你不信任，并且充满敌意。"呜呜"声在猫听来是挑衅，在狗听来却是友好。这些肢体语言所表达的含义不同，是猫狗敌对的主要原因之一。

　　起初，猫狗敌对是由在残酷的大自然中争夺食物、抢夺资源造成的。早在大约 6500 万年前，猫与狗的祖先都是肉食动物，它们有着相差不大的体型和同样凶狠的攻击力，它们的猎物都是小型草食动物，例如野兔。在适者才能生存的大自然中，为了争夺同样的猎物，争斗就开始了。在之后的时间里，狗被驯服，成为人类狩猎的好帮手，不需要为了每天的食物与野猫争夺，战争开始逐渐减少。现在，猫与狗都是人类的宠物，它们已经不需要每天为了生存而去捕食，故而猫狗之间的敌对状态也减少了很多，但这几千万年不断流传下来的敌对性还是深深潜藏在它们的本能之中的。

　　同时饲养猫与狗的家庭并不在少数，这说明猫狗之间完全可以和平共处，只要主人调教的方法得当。如果从小就将猫与狗养在一起，给彼此熟悉留些时间，让它们互相陪伴着长大，敌对和互相攻击的情况就会很少发生。

家庭添加了新成员，自然要做出一些相应的改变。在带新宠物回家之前，首先要明确家中的哪些地方是不想让猫光顾的，哪些事物可能会对猫的身体造成危害，在这基础上，稍加改变，就为它们的生活打造了一个适宜环境。

易碎物品和贵重物品摆放好

攀爬和跳跃是猫的本能和爱好，贪玩儿的猫经常会跳在矮桌或者书架上，雄赳赳气昂昂地宣示主权，也会跳上冰箱来眺望远方，家里位置稍微高一点的地方，都留下过猫的足迹。

有时你在伏案工作时，猫会"呲溜"一下跳在桌上，稍不注意，它长长的尾巴就会把你的玻璃水杯撞到地上。登上摆放花瓶的架子，对猫来说也轻而易举，当花瓶架不稳的时候，猫会远远一跳，冷漠地看着地下的碎片，迅速逃离现场，留下你一个人欲哭无泪。

为了避免财产的损失和猫踩到碎片的危险，可以将易碎物品和贵重物品摆放在猫接触不到的地方，例如带玻璃的橱窗里。

在预防攀爬和抓挠的地方设置障碍

你永远不知道，猫什么时候在家里的哪个地方磨爪和磨牙，也许等你发现的时候，你的沙发已经破了洞、凉席的绑带已经断了、桌角都是坑坑洼洼的牙印，那时候你可能会后悔没有早做准备。

对于一些你想让猫保持距离的家具，在这些家具的边缘贴上有粘性的双面胶、硬硬的铝箔纸和塑料护板，在猫看来这些东西的触感都是不好的，在运动的时候，它们会尽量避免接触到这些东西。时间一长，猫见到这些家具的时候，会随之想到那种不喜欢的触感，从而绕道、远离它们。

在猫的眼中，凳子、落地灯、墙上的挂件甚至是窗帘，都是它们攀爬的道具，稍有不慎，这些东西就会砸下来，毁物伤猫，主人也同样需要在这些地方设置一些预防攀爬的障碍。

提供特殊的场所

我们知道，磨爪和攀爬是猫完全自然的行为，我们不能阻止它们进行这些活动，那么就需要有针对性地给它们提供特殊的场所，以供其发泄。

猫在磨爪时，作为主人可以特意买两块属于猫自己的磨爪石和磨爪柱，细心引导和训练它到指定的石头或区域完成这项行动。

主人最好为猫专门准备一个磨牙工具，在磨牙工具上涂抹带有鱼腥味的东西，引导猫养成啃咬固定物体的习惯。在喂养猫的时候，为它准备一些较硬的小鱼干或者零食，帮助猫磨牙。

规避危险的动物和植物

猫不是天下无敌，很多动物和植物，在你不注意的时候，就会给你心爱的小猫重重一击，例如狐狸、蛇和仙人掌之类。

主人要明确这些动植物对猫的危害，帮助猫尽可能规避和躲避危险。

调皮的猫可能会啃食一些养在家里的植物，但有些植物对它来说是有毒的，例如万年青、水仙花、百合花、杜鹃花等。浑身是刺的仙人掌也会扎伤猫的嘴巴。主人最好不要将这类植物放在家里的地板或者矮凳上，以免猫轻易凑近；在这些盆栽植物的土壤上，应铺一层碎石头或者鹅卵石，以防猫刨土挖食。

如果你的家里带有庭院，可以在超市里买一些驱虫、驱蛇的产品撒下。猫有时会捕食蛇类，稍有不慎，蛇的獠牙就会咬到猫的血管，严重的可能将猫咬死。狐狸喜欢对小猫进行攻击，因为成年猫拥有锋利的爪子，它们在成年猫手下占不到什么便宜。

如果你想多养一只猫

在很多爱猫人士的眼里，拥有一只猫的家庭显得有些孤单和寂寞，他们会选择第二只猫来加入他们的家庭，互相陪伴着生活。

在第二只猫进入新家庭前，最好将两只猫隔离，不要让它们直接接触，最佳的隔离时间为一个星期。在这段时间里，分别将两只猫放出猫笼，让它们互相熟悉彼此的气味，知道对方的存在，避免新来的猫被第一只猫当做入侵者，在你看不到的时候发动攻击。一周后，等到双方一见面、互相熟悉后，也可能会出现打闹的情况。不过，因为猫是地盘性动物，对待自己的领地不会轻易放弃，即使有新成员加入，它们一般都不会选择一气之下离开家。

当猫逃跑到邻居家

猫是一种好奇心很重的动物，它们喜欢探索新鲜的事物和新鲜的地盘。主人外出上班的时候，它们只能整天待在屋子里，熟悉屋子之后，一旦里面没有什么东西能够吸引猫的注意，聪明的猫就会自己想办法跑出去。

主人出门倒垃圾的时候，打开房门，稍不注意，猫就"呲溜"一下飞速逃离房间，速度跟不上的主人也只能眼睁睁看着它跑远，甚至跑进邻居家。有时玻璃外的纱窗破了个洞，被称为"液体"的猫，也会偷偷从这个洞钻出去，看一看外面的世界，呼吸一下外边的空气。无奈的主人只能四处敲响邻居家的门，把调皮的猫捉回家。

★ 专题 "好奇害死猫"是真的吗?

"好奇害死猫"这是一句来自西方的谚语,最早出现在莎士比亚时代。在人们眼中,猫是一种被赋予九条命的动物,不会轻易死亡,但最后却因为好奇心太重,什么都想试一试、碰一碰,最后让自己走上了不归路。

事实上,"好奇害死猫"是有迹可循的。猫是一种好奇心非常强的动物,家庭中有猫的人都知道,猫喜欢去接触自己从未见过的,且非常感兴趣的事物。例如,家里停电之后,点上一支蜡烛,猫会对这摇曳昏黄的烛光很感兴趣,于是就会试探着用爪子去触碰它,最后却被灼热的温度吓得逃走。猫对塑料袋也感兴趣,给它一个塑料袋常常会让它自己玩儿一上午,有时还会出现钻进塑料袋里出不来的情况,密封塑料袋中的空气会变得越来越稀薄,猫就有窒息而亡的风险。这些都是在日常生活中,猫在好奇心驱动之下会做的事情,如果主人没有仔细看管,很有可能会出现导致猫死亡的风险。

"好奇害死猫"的寓意是,我们无论做什么事情都不要有太大的好奇心,否则前方等你的很有可能是重重危险。

对人类家庭来说,即将迎来新的成员,自然充满好奇和期待。而对一只小猫来说,有了主人,从此便踏上新猫生。初来乍到的它,会对周围陌生的一切感到不安,会因一切风吹草动而警惕。作为爱它的主人,我们要为使它尽早感到安全和轻松做出一些计划和行动。

做好准备

选择安静的一天,做好迎接猫到来的准备。除了物质和环境上的调整,更重要的是心理上的准备。作为"宠物",我们要给予猫爱和照顾,要懂得:它不是玩具,它是一个小生命。猫刚刚来到，会感到害怕，它需要时间适应一下。这个时间可能是一个小时、半天，或者一个晚上，直到它感到安全，小心翼翼地伸出头来探索新世界。

猫的性格各有不同，有的猫胆子很大，即使换了环境，给它个玩具，它就会立刻专心致志地玩起来；有的猫胆子很小，一落地就会钻到床底下一动不动。

如果家中有小孩，这个时候尤其要告诉孩子们：不要过于兴奋，可能会吓到小家伙哦！

我们把猫带回家

运送猫并不困难，如果简陋一点，只需要一个盒子就能装下你的猫。作为体贴的主人，我们最好在盒子里放上猫熟悉的东西，如以前猫窝里的毛巾或毯子。

当然，更为专业的运送工具是箱子。专门的箱子会在一侧开窗，便于猫观察。箱子里空间大，如果你把箱子放到车上，就一定要固定好，防止猫在你急刹车的时候受伤。

到达目的地后，打开箱门，等待猫自己走出来。注意：不要着急地把猫抓出来，这样也是防止主人被受惊的猫抓到。多等一会，当一只小爪子伸出来，你心里就会开心得像开了朵花。

如果家里有其他宠物，千万要记住，先不要让它们影响到猫，即使它们也很温柔，我们还是多给猫一点时间吧。

带猫认识新"家"

作为一个"新成员"，猫需要我们的帮助。它需要找到食物、水，以及便便的场所。所以，我们可以带领猫认识猫盆——放好猫粮和水；猫砂——如果不喜欢可以及早更换；以及供它磨爪的地方等。至于这些用具放在哪里，我们当然要选择一些安静的角落，使人和宠物不会互相影响。毕竟，猫也是需要隐私的。

有些粗心的主人会把猫用具统统放在一个角落，试想一下，进食的场所和方便的场所如果位置很近，这难道是一件令猫"愉快"的事情吗？当然，如果空间有限，我们可以用一盆花或者其他什么的尽量隔开一些距离。

另外，如果在这些用具的下面先用大一点的垫子与地面隔开，相信清扫房间的时候你会觉得更容易。

给你的猫起个好名字

有些主人坚持认为天下所有的猫都应该叫"咪咪"，这几乎是一个种族用名了。也许因为咪咪的发音与猫的叫声类似,这个名字无疑最容易得到猫的认可。但是,给你的猫起一个特别的名字,这显然是一件非常让人期待的事。注意,名字不能过长,毕竟书面上用的机会太少,日常中称呼起来也会很不方便。

所以,如果你想让你的猫"呼之即来",那就给它起个好名字! 对猫来说,一两个音节的名字真的就已经足够了。

与家人的会面

当把猫介绍给家里的成员,尤其是小孩子的时候,一定要确保孩子们不会发出尖叫,也不会鲁莽地伸手抚摸和拥抱。

尽管从外表来看,猫显然是个"小东西",但不要忘记,猫有着锋利的爪子和尖锐的牙齿。如果我们不小心激怒和惊吓到它,出于本能,它会进行反击。这种无意的伤害很令人烦恼,所以,家庭成员们尽量不要吓到一个刚进入家门的小猫。

我们要告诉家庭成员,这个可爱的小家伙从此会出现在我们的生活里,有些东西对它有危险,有些食物对它是致命的,开门、开窗甚至都有可能让一只活泼的猫走丢。

人的身体对猫来说如同巨人,当我们只是随意地走路,都有可能会踩到一只亲近你的猫。作为一只猫的主人,当我们与猫会面,意识里就要建立起这只猫的存在感了。

树立家规,坚持原则

给猫建立规律的日常规范是非常重要的一件事。喂食、梳毛、游戏、睡觉都要尽量固定在一个时间。猫不喜欢变化,规则对它本身的健康也非常有利。例如了解它的食量变化,就能发现猫的健康是否出现问题。

猫的生活安排与主人的生活习惯应该互相协调。如果主人爱睡懒觉,就不要把添加猫粮的时间放在早上,否则,如果某一天你不幸忘记了,猫就会眼巴巴地盯着你,喵喵叫,直到很想睡懒觉的你不得不爬起来去给它喂食。

对人来说,遵守约定很重要,对猫也一样。

当我们按照自己的作息给猫制定了严格的行为规范,那么以后就绝不要动摇。一旦你允许猫进入你的卧室,睡在你的床上,那么你就别指望下次能把猫赶出去;如果你在吃东西的时候总是喂一口给你的猫,那么你有一次不喂,就会让猫感到忧虑。所以,"朝令夕改"对猫来说,实在是一件令它头疼的事。作为一名优秀的猫主人,我们有必要坚持原则,绝不轻易更改。

FIVE
养猫的饮食原则

　　衣食住行中的吃，不仅对人类很重要，对猫也是。猫所需的蛋白质和维生素等营养物质大部分都是从食物中摄取的。想要养好一只猫，就要在饮食方面下功夫，如果吃得不好，可能引起营养不良；如果吃得过多，也可能引起肥胖，从而引发其他疾病。

人有一日三餐，那么猫一天应该吃几餐才能维持正常的需求？猫虽然有狩猎的技能，但在饮食方面，主要还是依靠主人的喂养，毕竟良好的饮食和充足的营养才能使猫充分发育和成长。喂养猫的时候，主人最好了解清楚猫的饮食规则。

时间和数量

作为猫的主人，应该对猫每天进食的次数和数量有明确的计划。一般而言，猫最好每天早晚各进食一次，这样既可以控制食量，避免肥胖，还能增进胃口，不浪费食物。按量按点喂食一段时间，猫会逐渐调整自己的饮食习惯，一旦生病难受了，主人也可以根据猫的食欲来判断它们的健康程度。

猫的喂养规则要随着猫的年龄、状态和身体健康状况而调整，千篇一律的喂食对猫来说也许并不是一件好事。刚怀孕或者正处在哺乳期的猫，所需能量增加，新陈代谢加快，每天最好早、中、晚喂食三次，以保证所需营养。刚断奶一周的小猫，主食由母乳变为猫粮，它们体内的消化能力不强，很多食物不能吸收，最好每天喂食 8～11 次，来满足它们对蛋白质和维生素的需求。断奶 2～3 周后的小猫，喂养次数可逐渐减少，应选择营养丰富的食物，且最好保持稳定，不宜多换。

具有不同"职责"的猫，对喂养要求也不一样。对于肩负捕鼠重担的猫，每天不要喂养过多，饥饿能够唤起它们对食物的需求，增强捕鼠的能力。对于观赏的猫，要求体态美观、动作灵敏，喂养数量也不宜过多，以防肥胖影响体型，但食物的质量一定要高，这样才能维持被毛的光亮和柔顺。

切忌不要给成年猫喂食幼年猫粮和狗粮，狗粮中缺乏猫所需的足够多的蛋白质，食用时间过长可能会引起营养不良；幼年猫粮中含有过量的蛋白质，食用过多可能会对成年猫的肾脏造成负担。

饮食平衡

猫是肉食动物，若每一餐都是高蛋白含量的肉食，很可能引起猫体内缺钙、便秘等情况。最适合猫的食物应该是荤素搭配、营养均衡，将不同的食材混合起来，保证它们能获得足够的营养。

一只成年猫对营养的需求是蛋白质、脂肪、维生素、碳水化合物、微量元素和水等等。蛋白质来自鱼、肉、奶、蛋；维生素来自动物的肝脏、谷物和蛋黄；碳水化合物来自谷类食品，例如大米和马铃薯。猫理想的食物是牛肉和熟透的鸡肉（尤其是鸡胸肉）。带有刺激性的食物，例如辣椒和芥末绝对禁止给猫吃。

确定猫喜欢吃的食物之后，开始耐心地建立一个属于它的饮食结构，既健康又能保证营养。随心所欲地给猫喂食，不停的饮食变化会促成猫挑食的习惯，不利于饮食均衡。

口味问题

很多人认为猫粮的口味匮乏单一，还有人认为猫的味觉不灵敏，就算美味放在眼前，也吃不出来，事实上并非如此。

猫嗅觉的灵敏程度远远超过狗，更不要说和人类相比了，猫粮的好吃与否与猫粮的味道息息相关，而不是口感。猫喜欢的食物大多味腥，一旦闻到的味道是猫喜欢的腥味，那么就一定是猫爱吃的。实际上猫嘴里吃到的食物，例如鱼、其他肉类的味道都很淡，在它们口中却是美味珍馐。

判断猫是否喜欢这种食物，就要观察它进食后的表现。如果猫在吃完东西后，淡定地舔了舔鼻子，大概是猫觉得这份食物味道一般，但也不难吃；吃完后如果既舔鼻子又舔嘴巴，猫一定是对这份食物非常满意；如果猫吃完后，不仅舔嘴舔鼻子，甚至连盘了、爪了都舔的话，那这份食物一定深得猫心，让它不可自拔。

如何对付肥胖

肥胖可能会引起各种各样的问题，不仅是人，猫也一样。肥胖的猫会引起关节病、糖尿病和血管疾病等，为了让猫能健康生活，减肥势在必行，也要坚持到底。

让肥猫变瘦的第一招，是减少高热量食物的摄入。当体内摄入的高热量消耗不完的时候，它们就会变成脂肪堆积在身体里。将给猫提供的食物改成低热量、低脂肪的，猫就无法从食物上获取多余的热量了。低热量、低脂肪的食物很容易被猫消化，如果你有这方面担忧的话，可以帮它们准备一些高纤维的猫粮，因为纤维能增强饱腹感。

"管住嘴，迈开腿"，身上的脂肪才会被消耗，猫也是这样。身上的重量增加后，四肢关节要承受的压力也更大，游泳不仅可以消耗猫身上的多余脂肪，还能减少猫在运动过程中对四肢关节的损伤。如果主人的经济条件合适的话，可以多带猫出去游泳锻炼。正常生活中，主人可以将餐具放在位置较高、较远的地方，这样在猫去进食的路上，可能会多跑两步、多跳几下。主人最好多抽出一些时间来，陪猫玩耍，改变猫长时间不运动的习惯。

减肥是一件必须坚持才能看出效果的事情，那么记录体重就显得尤为重要。体重的变化不仅可以让主人看到这一阶段猫的减肥效果和成果，还可以更好地帮助主人制订下一阶段的减肥计划。

★专题　橘猫一定会发胖吗？

顾名思义，毛发是橘色的猫被称为橘猫，橘猫按照毛色的不同，还可以分为全橘色和橘白相间两种。橘猫并不是一种特定品种的猫，几乎所有品种猫的被毛都有可能出现橘色，例如英国短毛猫和中华田园猫等。

橘猫不仅颜色可爱，就连胖嘟嘟的身躯都深得人们的欢心，所以我们常会调侃说："橘猫中十只就有九只胖，还有一只特别胖"。看到胖嘟嘟的橘猫和纤细的黑猫站在一起，不禁让人思考，橘猫为什么会这么胖？

全橘色的大部分是公猫，橘白相间的大部分是母猫。成年后公猫的腮会比母猫大，并且相比之下，鼻子也比较宽，所以在体型上就给人一种视觉差异，看起来公猫就比母猫胖。

橘猫发胖的原因要追溯到它们还没有成为宠物猫之前。据说那时候的橘猫大部分都是流浪猫，很少有家庭愿意收养它们，故而每天都过着朝不保夕、时常饿肚子的生活，为了在激烈竞争的环境中活下来，它们每次狩猎结束之后，就会把猎物吃得干干净净，尽量做到能吃多少吃多少，毕竟它们不会知道，下一次填饱肚子、吃到食物究竟是什么时候。在这样的生活环境之下，它们逐渐养成了属于自己的进食习惯，并且一代又一代流传了下来。

猫本身不是一种很容易发胖的动物，因为它们时刻要保持轻盈的体态，才能悄无声息地成功狩猎。现在成为宠物猫的它们，尤其是橘猫，虽然没有了生活的压力，但进食本能却没有改变，吃得越来越多，并且吃饱了就睡，这也是橘猫会发胖的主要原因。

橘猫本身的消化系统可能很发达，在吃掉很多食物之后，很快就能消化掉，所以它们不会有强烈的饱腹感，也不会停止进食。

绝育后橘猫的饭量也会随之改变，在不喜欢运动的基础上还在不断进食，造成了橘猫体重的不断上升。

只要合理饲养，橘猫就不会变胖。主人在喂食时，做到定时、定点和定量，在合理控制橘猫饮食的时候，还要经常陪它玩耍，最好每天做一些运动。

二、选择合适的猫粮

　　猫粮的选择也是一门学问，购买的时候不仅要关注猫是否喜欢，还要注意猫粮中是否含有猫每天所需要的营养物质，例如维生素和微量元素。如果猫不喜欢购买的猫粮，主人也可以选择自己制作猫喜欢的猫饭。

基础营养：牛磺酸

　　动物的成长总是需要营养物质的，对猫来说牛磺酸是一种最基础，也是必需的物质。猫的体内不能自己合成牛磺酸，只能从外界摄取，这就需要主人经常给猫补充牛磺酸了。

牛磺酸对猫的繁殖有重要作用，如果在猫的发育阶段长期缺乏牛磺酸，造成营养不良，能导致母猫繁殖能力下降、幼猫成活率降低的现象。猫可能会患有扩张性心肌病，这时心肌等部位中的牛磺酸浓度大大下降，一旦低于正常浓度，可能会危及生命。主人可以在猫患上心肌病的时候，通过不断给猫补充牛磺酸的方式，能很好地调节猫的心肌功能。

猫能夜视，是昼伏夜出的动物，长期牛磺酸不足甚至会导致猫失明。母猫怀孕时缺乏牛磺酸，新生幼猫的视力可能也会存在问题。

牛磺酸对猫的作用不止于此，它还能有效增强猫的免疫力，提高抗菌、抗病毒能力，在受到病毒、细菌侵袭的情况下，有效抵抗病毒和细菌，减少生病概率。猫主人平时一定要记得帮猫补充牛磺酸。

维生素和矿物质

猫所需的维生素和微量元素很多都无法通过自身合成，只能从食物中摄取，维生素有利于猫的视力、新陈代谢和骨骼健康等，当维生素和微量元素摄入不足的时候，就会引发猫的健康问题。

不同维生素在猫体内起着不同的作用，维生素 A 能够维护猫的视力健康，维生素 B 能维持神经功能的正常运作，维生素 D 能够保证猫骨骼的健康生长，维生素 K 有助于血液凝结。肉类、蔬菜和谷物食品中都含有维生素，由于维生素容易被氧化，并且对光和热很敏感，主人在给猫喂食含有维生素的食物前，最好能保证食材的新鲜。

猫需要的矿物质元素有钙、磷和钾等。猫体内如果缺乏钾离子，很容易患上多肌综合征；在哺乳期母猫体内的钙质会随着乳汁的流失而逐渐减少，如果没有补充足够的钙，那么可能会出现产后低血钙的状况；缺乏磷和硒等元素，极易导致严重的健康问题。

目前大部分猫粮中都含有这些矿物质和维生素，如果在猫不缺乏的情况下，不需要特意和额外补充，过度摄入这些物质，也会对猫身体的各个部位产生不好的影响。

自己动手做猫饭

随着养猫家庭的逐渐增加，在进食方面就产生了各式各样的问题。有的猫肠胃敏感，不论吃干粮还是湿粮，都会产生腹泻；有的猫挑食，看见干巴巴的干粮就拒绝进食。爱猫如命的主人们，就开始研究适合自己家猫吃的猫饭。

自己动手做的猫饭既有优点，也存在缺点。优点是食物的材料都是经过自己精心挑选的，不存在材料腐烂、不新鲜的问题，并且猫饭的含水量大，对于不喜欢喝水的猫来说，能够很快补充水分。缺点是主人很难将猫所需要的营养成分全部添加，营养均衡很难把握，并且做猫饭需要花费主人大量的时间和精力。

猫饭中通常会选择加入鱼肉和其他各种肉类，做猫饭之前，主人能轻易将所有可能存在的细菌和寄生虫用高温消除，能根据自己猫的喜好，选择要添加的材料，避免市面上猫粮里防腐剂和香料的存在。如果想在猫饭中为猫补充钙，可以选择未加工的骨头作为补充钙的来源。

制作猫饭是主人对猫给予的宠爱，一旦猫习惯吃主人做的饭之后，嘴被养叼，很容易被宠坏，养成不愿意尝试猫粮的坏习惯。在时间和精力允许的情况下，主人可以为猫做猫饭，但喂养时，最好和猫粮相互结合，为了猫的营养均衡，也避免猫养成挑食的坏习惯。

饮水需求

猫的祖先曾经生活在干旱的沙漠地区，那里水资源短缺，并且有水的地方通常会出现攻击力强的动物，猫逐渐养成了从食物中汲取水分的习惯。现在，家猫食用的通常是干燥的猫粮，很难从中汲取水分，日常饮水就必不可少了。

猫在正常情况下，每天的饮水量应该是它体重的百分之六左右，有时饮水量会随着天气的变化而变化。充足的水可以帮助猫将肾里无用的物质排出，在炎热的天气和运动量较大的时候，都需要水来维持正常需求。饮水量不足，很容易使猫生病甚至死亡。

猫很少会喝放在猎物旁的水，它们认为这样的水已经被猎物的尸体污染了，所以当你在猫粮旁边放一盆水的话，猫一般是不会理睬的，它反而会去喝马桶里的水。

一般来说，喝水的水盆位置越高，猫就对它越感兴趣。猫喝水的水盆必须干净整洁，为了保证水的干净和卫生，一定要做到每天一换。最好在换水的时候让猫看着，这样你在换完水之后，猫可能会赶紧过来大口地喝上两口。水温也要随着季节的变化而变化，冬天给猫换温水，夏天给猫换凉水。

湿粮还是干粮

我们口中说的猫粮，通常指的是干粮，猫食用的干粮主要分为两类，一类是天然粮，另一类是商品粮。干粮营养成分很高，还富含大量纤维，还有便于储存、不易变质的优点。长期食用干粮，不仅可以帮助猫预防牙结石等疾病，还有助于猫排便，降低猫排泄物的臭味。干粮也有一定的缺点，干燥的猫粮里含有的水分较低，如果猫在食用干粮后不经常喝水，容易患上泌尿系统的疾病。

天然粮的主要成分是纯天然的骨类和肉类，这些原材料都是没有经过污染、不添加任何化学成分和食品添加剂的，更没有香味剂和人工香料这种化学物质。天然粮的优点是低脂肪、高蛋白、营养丰富，缺点是价格昂贵。天然粮的安全性很高，如果经济条件允许的话，建议购买天然粮，天然粮很耐吃，猫不会一时半会儿把它吃完。

商品粮的主要成分是动物的尸体和其他谷物类产品，商品粮的主要目标是适口性，为了吸引猫的注意和改善商品粮的口感，一般会在这一类的猫粮中添加各种食品添加剂、人工合成香料等等，甚至加入诱食剂，制造香味来引诱猫，会使猫表现出很喜欢吃这种猫粮的样子。这一类的猫粮虽然价格很便宜,但是安全性和健康性是不能完全保证的。

　　湿粮,顾名思义,就是含有水分较多的猫粮,常见的湿粮有猫罐头、猫布丁、肉类小零食等,这些湿粮的口感接近新鲜食物,深受猫的喜爱。购买罐头的时候,能一眼看出其中纯肉的多少,购买时应尽量挑选纯肉较多的罐头;猫布丁不能给猫多吃,因为这一类湿粮中含有的盐分较高,吃多了容易引起猫身体不适。猫最喜欢的湿粮应该是妙鲜包,这种湿粮汤汁较多且携带方便,建议主人时常在家里给猫准备几个。

　　长期食用湿粮后,很容易让猫患上牙结石等疾病,最好的办法是干粮和湿粮相互搭配,相互均衡。

★专题 自己做的猫饭就比猫粮好吗?

很多爱猫的主人平时会选择自己制作猫饭,因为在他们看来,猫粮中不仅含有防腐剂还有这样那样的添加剂,并且猫粮中蛋白质和碳水化合物来源的安全性并不能得到保证,商家很容易以次充好,猫吃了容易引起健康问题。最重要的是,猫粮中的水分含量很少,猫长期吃猫粮会严重缺乏水分,这些都是主人们选择自己制作猫饭的原因。

事实上并非如此,猫粮是专业的研究员特意为猫设计的,猫粮不仅能做到营养均衡,其中猫所需要的维生素、蛋白质和微量元素的搭配和配比都很合理,甚至干燥的猫粮还能帮助猫预防牙结石。

不过,主人自己制作的猫饭并非不可取,毕竟猫饭的材料都新鲜干净,不含防腐剂、添加剂等化学物质,并且猫饭中还含有充足的水分。主人在制作猫饭前,最好要先了解清楚猫所需要的各种营养物质,以及猫不能吃的禁忌食物,才能根据这些营养物质制作出色香味俱全,而且营养全面的猫饭。这件事并没有看上去那么简单,很多主人在做好猫饭之后,猫都不会跑过去看一眼,更不要说尝一尝了。

制作猫饭需要注意的问题很多，例如生食、糖类和盐类过量对猫都是有危害的。鸡肝拌饭是一道很多猫主人会做给猫的饭，虽然猫很喜欢吃，但长期食用不仅会让猫的骨骼变得异常、食欲下降，同时体重也会随之不断减轻，导致营养不良。主人想要自制猫饭的想法固然很好，但在不了解猫需要什么的情况下，就贸然喂食，很容易好心办坏事。

自制猫饭和猫粮各有长短处，主人可以采用湿粮、干粮和自制猫饭三种方式交叉喂养，平常给猫吃猫粮，猫饭可以一周吃 2~3 次，根据猫的喜好和口味为它量身制作一款猫饭，通过给猫改善伙食，来增加它们对进食的欲望。

猫平时接触到的食物，除了干粮、湿粮、猫饭和零食之外，也会有其他东西，例如草。猫咪需要主人的精心养护，一些特殊饮食和饮食禁忌需要格外注意。

猫草

猫草不是猫的食物，但对猫有着特殊意义。众所周知，猫是喜欢舔毛的，皮肤上脱落下来的毛顺着舌头会被猫吞进肚子里去，时间一长，猫肚子里的毛就会结成一团，又大又硬，阻塞消化道，不仅会使猫的胃部不舒服，还容易使猫患上毛球症。猫草中含有大量的植物纤维，这些植物纤维有催吐的作用，食用猫草后，猫体内的毛团就会易于排出，减少猫患病的概率。

当你发现猫的肚子胀气或者出现厌食、肠胃不适等情况的时候，可以适量给猫喂食一些猫草。猫草中的植物纤维可以帮助猫更好地消化肠胃中大量堆积着的食物。此时的猫草就像一种没有副作用的药物，能够轻易缓解猫不想吃饭和肠胃难受的症状。

猫草不仅对猫的身体健康有重要作用，在猫咀嚼猫草的过程中，还会缓解它的心理压力。

值得注意的是，如果猫食用猫草后出现了拉稀的状况，证明所食用的猫草是不健康甚至是有问题的。当猫吃完猫草后仍然能够正常玩耍，证明所食用的猫草是没有问题的。猫草本身就有催吐的作用，如果猫在吃完猫草后有恶心和干呕的情况，这属于正常现象，不需要大惊小怪。

猫薄荷

猫薄荷是一种草本植物，它能够产生一种能够刺激猫的化学物质，叫做荆芥内酯。这种化学物质被称为"猫界毒品"，不仅能使猫产生幻觉和快感，还不会让其上瘾，也不会对猫的身体造成有害的影响。

猫凑近猫薄荷之后，首先会来回舔舐，然后开始咀嚼它的叶子，用脸颊和下巴蹭薄荷，之后就会摇头摆尾、高声尖叫、来回滚动，矜持优雅的猫有时会做出一些丑态百出的表情和动作，这个让猫产生幻觉的时间大概在 5~15 分钟，时间一到，猫就会恢复高不可攀的样子。当然，也不是所有的猫都对猫薄荷有兴趣，几乎半数的猫闻到猫薄荷是无动于衷的。

条件允许的情况下，主人可以在家中种植一点猫薄荷，干燥的猫薄荷粉和新鲜的植物薄荷的效果都是一样的。可以适量每周给它使用一小撮，让猫体验一下放纵的感觉。不过，如果给猫使用猫薄荷的时间和次数过于频繁的话，不仅会让猫对猫薄荷失去兴趣，还会影响猫的呼吸系统，得不偿失。

饮食禁忌

猫的肠胃脆弱，喂食不慎，就会给它们带来伤害。主人要明确哪些东西是猫可以吃的，哪些东西是猫的饮食禁忌。

饼干和甜食虽好，但却容易使猫产生蛀牙；葡萄干会伤害猫的肾脏；洋葱会破坏猫体内的红血球，造成贫血；食用章鱼和乌鱼后，能引起呕吐，严重的会造成死亡；生鱼中含有对猫有害的生物酶；不易消化的鸡骨和鱼骨，会刺伤猫的肠胃。

牛奶和奶油一定要小心喂食，因为很多猫的体内没有消化这些奶制品的生物酶，食用之后，可能导致腹泻。为了补充猫所需的蛋白质，可以去超市购买一些适合乳糖不耐受人群的牛奶，也可以去购买为猫特制的猫奶。

★ 专题 猫可以吃冰激凌吗?

夏天来临,冰镇饮料和冰激凌就变成了祛热法宝。我们吃着冰激凌的时候,看着猫可怜地趴在脚边,也会忍不住分它一点,但猫真的能吃冰激凌吗?

事实上,在猫的味觉系统里是感觉不到甜味的,换句话说就是,无论再甜的东西,猫都感受不到,也不能分辨,自然也不会对甜食感兴趣。那么猫喜欢甜甜的冰激凌的原因是什么呢?其实猫评价食物是否美味的标准是,这个味道能不能吸引我,冰激凌中浓浓的奶香味,应该就是吸引猫不断尝试的原因了。

很多猫患有乳糖不耐受症,患上这种病的猫因为无法消化牛奶中的乳糖,所以在喝完牛奶之后会出现上吐下泻的情况。冰激凌中的主要成分就是牛奶和糖,患有乳糖不耐受症的猫吃了冰激凌之后很容易拉肚子。

如果猫可以喝牛奶的话,可以适当地喂它吃一些冰激凌解解馋,但一定要适度。冰激凌中过多的糖分,可能会使猫患上糖尿病。另外,猫的肠胃比较脆弱,很难适应过冷和过热的食物。

一般来讲，猫不仅不可以吃冰激凌，巧克力、茶和咖啡对它来说也是禁忌。当然，天气炎热时，如果你的猫没有乳糖不耐受症，且身体状况良好，可以适当让猫舔一口冰激凌。

SIX

爱抚、游戏与训练

　　猫天性懒散，平时除了吃饭、睡觉，剩下的就是玩闹，主人最好在猫幼年期对其进行一定的社交训练，否则成年后的猫不仅脾气大，还不愿听从主人的指挥。主人陪伴猫的方式通常有两个:爱抚和游戏。只要方法正确，猫就会很愿意陪在你身边亲近你。

一、爱抚一只猫的必要性

看见猫，自然就会产生一种想摸摸的冲动，有研究表明，人类可以通过爱抚猫的方式来减轻压力。但猫是出了名的挑剔，一般情况下它们并不太喜欢人们的触碰，尤其是当你使用了错误的方法时。如果猫在被爱抚的过程中感觉到舒适，那么主人们在帮它们梳理被毛和检查身体的时候，也就不会手忙脚乱了。

正确抱起一只猫

在幼猫期的时候，就要让猫熟悉人类的手掌，并且适应人类的抚摸。它们长大以后，才不会抗拒主人的接触。

如果你与猫不熟悉，在想抱猫的时候，最好先蹲下，与猫的视线在同一水平线上，先让猫闻一下你的手或者衣服，它们适应你的友好之后，会慢慢靠近你，这时才是抱猫最好的时机。不要采用威胁或者恐吓的方式来抱猫，如果它觉得紧张和害怕了，会想尽办法从你的怀抱挣脱，脾气大的猫说不定还会挠你一把。

抱猫姿势也有对错之分，一只手从侧面接近猫，然后放在猫的前肢处，用手握住猫的胸部，另一只手放在猫的后驱底部，托着猫的后肢，两只手一起将猫托到胸前，使猫的前爪可以搭在你的手臂上。抱猫的时候，最好不要让猫四脚朝天地仰着，猫被竖着抱才不会感觉无助和害怕。

母猫会叼着小猫颈部的皮肤走路，有的人也会学母猫的方式，抓住猫的后颈部提起猫，这种方式不适合成年猫。猫年龄增长的同时，体重也在增加，被抓在空中的它们需要更多的支撑力，如果没有，只会引起猫的不舒适。

抚摸猫的方法

不要轻易去抚摸猫，除非在猫自愿的情况下。当你对它伸出手时，它愿意用鼻子、脸部或者身体的其他部位触碰你，这表示它愿意与你交流，允许你抚摸它。如果你伸出手时，猫不搭理你，就传递出它对你没兴趣的想法，不要强硬地与猫接触。

触摸猫的手法有六种，分别是抓、划、揉、捏、挤和拍。抓，就是五指张开，固定好位置，用手指肚轻轻地挠着猫；划，就是五指并拢，用中间的指头划猫的下巴，两边的指头划猫的脖子；揉，就是来回摩擦，揉的主要部位是猫的耳朵；捏，就是四指并拢，缓慢轻柔地捏；挤主要是轻柔地挤猫的脸；拍，是五指并拢，用指关节拍打猫的背部。用这些手法抚摸猫，可能会使你与猫的关系更亲密。

显然，抚摸猫的方法不止一种，不同的部位，有不一样的抚摸方法。在猫安静躺着的时候，可以抚摸猫的头部，用手轻轻地从头摸到尾，不要反向抚摸，抚摸到尾巴处时停止，然后一直重复这个动作。如果猫喜欢这种抚摸方式，就会背部拱起，希望你能够加大抚摸的力度。

挠猫的下巴，猫会舒服地眯上眼睛。揉或者划猫的肚子，自上而下或者自左而右都行，来回抚摸，猫舒服的时候，会发出"咕噜咕噜"的声音。轻轻抬起猫的四肢，揉它的腋下，也会让它感到舒服。拉扯猫的肘部和肉垫，能让猫放轻松。当猫安静躺着时，可以去揉揉它两边的脸，或者轻轻往上拉拉它的脸，多重复几次，猫就会觉得舒服了。顺着毛发生长的方向，抚摸猫的尾巴，然后再给它做一个全身按摩，猫会逐渐处于放松状态，慢慢地睡着。

与猫交流

与猫交流一定要了解猫的语言，而学会猫语言的关键是听懂它发出的声音和看懂它的身体语言。猫的声音有嘶叫、低吼、喵叫、呼噜声。嘶叫和低吼是警告的意思，有时会伴随着显露牙齿和利爪的动作。喵叫主要是幼猫在给妈妈发信号。呼噜声是猫咪感觉满足而发出的声音。

猫会用耳朵、尾巴、胡须、眼睛发出信号。其中，猫最恐惧眼神接触，一般情况下，它会走向不看它的那个人，对猫来说，这意味着友好。因为猫会将瞪视视为一种威胁，它也常常用瞪视恐吓对方。这些信号中最明显的是尾巴的形态，尾巴的姿态和摆动方式是当时心情的恰当表达。

当猫左右拂动尾巴的时候，表示它在生气；用尾巴撞击地板时，则处在心情不好的时候并且在警告周围的人或者事物；尾巴猛烈摇动则表示很不开心，随时有发动攻击的可能性；身体上的被毛耸立是在告诉主人，它现在觉得很不安全，受到了威胁；尾巴贴地拂动同样也是感觉到不安全的信号；背部弓起是在告诉周围的人，它马上就要进攻了；尾巴夹在腿中间则表示已经被主人驯服，会乖乖听话；尾巴平放时是它感到平静、放松、安全的时候；尾巴竖立是告诉你，它愿意与你亲近；尾巴笔直向上并振动的时候，是猫处在非常兴奋的时候。

猫还会用一些身体状态语言来表达自己的意愿，一般来说悠闲地坐下是表示它让你靠近它；而躺在地上并暴露腹部的猫咪并不表示驯服，而是一种战斗姿态，它想要充分挥舞爪子和利用牙齿，所以要避免过分触摸猫咪腹部，否则可能会被抓伤或咬伤。

咬人怎么办？

猫一直被人们称为"高智商动物"，可见猫比我们想象中要通人性。当猫咬人的时候，主人最好能通过周围的环境和刚才发生的事情，推断并理解猫的意图，阻止猫继续咬人的情况发生。

幼猫和主人玩耍的时候，经常会下意识地抱住主人的手指，不知轻重地啃咬，这时主人最应该做的就是训练猫咬人的力度。猫第一次咬人的时候，主人一定要大声呵斥，并且在猫的头上拍一下，作为警告。训斥完之后，将手指再次伸过去，猫会报复性地继续咬回去，主人再次高声呵斥，再在猫的头上拍一下。就这样重复四五次，猫不仅会理解主人的意思，还会主动将咬手指变为舔手指，第二次遇到这种情况的时候，再次重复以上动作，猫会改正咬人的坏习惯的。值得注意的是，在拍打猫的时候，力度不能太小，否则猫会以为主人在陪它玩耍，也不能过大，否则猫会一直记恨主人。当然，警告猫的方式不是只有拍打一种，你还可以选择用水枪喷它，或者摁住它的鼻子。

猫咬人也是有缘由的，有时是为了寻求你的关注，想让你陪它玩耍；有时是因为你发出的声音太大，打扰到它了；有时是你抚摸的方式让它感到不舒服。主人被咬后，不要急着训斥猫，这只是它提醒你和与你交流的一种方式。

★专题　怎样对付脾气不好的猫

猫是一种胆小又敏感的动物，很容易被周围的环境所影响，它脾气会暴躁的主要原因之一可能是周围环境的刺激。猫对人类的攻击，可能是出于自卫状态下无意识的反应。想对付坏脾气的猫，首先就需要知道猫会生气的原因。

众所周知，猫的嗅觉比人类灵敏很多倍，人类闻不到的味道，猫可能闻得很清晰，我们觉得很臭的味道，猫闻到就会变得很暴躁并且不舒服。啤酒、薄荷甚至是一些比较特殊的牙膏，这些东西的味道都是猫很不喜欢的。

猫的性格比较独立，喜欢自由自在地做自己喜欢的事情，不喜欢被管束，更不愿意被安排。如果你强迫猫做一些它不喜欢的事情或者把它关在笼子里，限制猫的行动自由，那么猫的脾气就会变得很暴躁，会随意发脾气。

猫的脾气是否暴躁可能会与品种或者天性有些联系，但这并不能表明猫的坏脾气是与生俱来的，通过主人不断地耐心引导和教育，猫是能够改掉自己的坏脾气的。主人在驯养猫的时候，要有一定的心理准备，因为再听话的猫都不会像狗一样,对你言听计从。

在对付脾气暴躁的猫的时候,切忌使用暴力。猫是一种很记仇的动物,一旦被主人虐待之后,不仅会找方法报复回来,还会对它们的心理造成严重的创伤,并且会逐渐对主人失去信任。在猫发脾气的时候,应该恩威并施,采取呵斥和安抚的办法,使它在放松情绪之后,才能停止发脾气。如果猫在发脾气的时候,主人立刻采用暴力的方式制止,猫原本不平静的情绪会变得更加暴躁。

如果猫的情绪非常暴躁,主人可以考虑再养一只猫,这样它的注意力就会被新猫吸引,在它发脾气的时候,有另外的伙伴可以陪它一起分散精力,一起玩闹逗趣,不好的情绪就会暂时放下。值得注意的是,带新猫回家的人最好不要是猫的主人自己,这样它才不会因为嫉妒而对新猫产生强烈的敌意。

猫的智商很高,它会通过肢体动作和表情来揣摩主人的情绪,并受到主人情绪的影响。如果主人每天的心情都很沮丧,这样的坏情绪会传染给猫;如果主人每天都听一些舒缓的音乐、做一些减压的运动,那么猫也不会经常发脾气。

如果猫的情绪很难控制,有一部分主人会选择去宠物医院寻求帮助，最简单的办法就是给猫注射镇静剂，这种方法有效果，但却属于治标不治本，不能从根源上解决它脾气暴躁这一问题。

与猫相处的时候，一定要做到尊重。它愿意安静地待着，不想理你的时候，最好不要一厢情愿地去找它玩耍，给它一些属于自己的私人空间；它突然撒娇想让你陪它玩儿、抱它、摸它的时候，不要假装看不到，也尽量不要拒绝它，否则不仅会让它变得脾气暴躁，而且会逐渐失去对你的信赖。

总体来说，想要对付脾气暴躁的猫，一定不能硬碰硬，软硬兼施和恩威并施的方法就很实用。在猫情绪激动的时候，给予它关怀和关注，尽量不要做出一些影响猫情绪的事情，以免受到攻击。

二、游戏是猫的本能需求

无论猫看上去是多么高贵优雅，它都是一种狩猎动物，需要刺激和兴奋。如果每天待在密封的且一成不变的家里，百无聊赖的猫可能会患上心理疾病。游戏运动本就是顺应猫的本能而产生的，可以消耗猫的多余精力，锻炼猫的身体。

玩具大集合

猫可以玩的玩具种类丰富多样，但归根结底这些玩具都有三个特点：首先，猫的玩具最好是移动的，这样猫才会把它们当成猎物；其次，玩具的表面最好覆盖着皮毛或者羽毛，这

种造型的玩具更加接近大自然中的猎物，更能引起猫的注意；最后，玩具上要有猫喜欢的味道，例如猫薄荷或者食物腥味，猫的嗅觉很灵敏，对于它不喜欢的东西，看都不会看一眼。

逗猫棒

常见的猫的玩具有逗猫棒、玩具球、羽毛、毛绒老鼠、带铃铛的假老鼠、带有薄荷味的绳子和毛绒玩具等等。逗猫棒就是在一根棍子上拴着猫喜欢的玩具，移动逗猫棒的位置，猫也会跟着快速移动，逗猫棒能快速引起猫的注意，使猫尽力向前扑咬，唯一的缺点可能是使用逗猫棒的主人的胳膊会有点酸累。

玩具球不要太重，猫逗弄起来会比较费力气，不太能引起猫的注意，空心的且质地轻、个头小的玩具球更能受到猫的喜爱。

玩具球

猫沉迷于猫薄荷的味道，带有这种味道的绳子也同样受到猫的喜爱，能瞬间唤醒萎靡不振的猫。细绳子一般不建议给猫玩耍，否则在玩耍的时候，可能会引起误食引发危险。给猫玩耍的粗绳子长度要适中，避免猫在玩耍时，将绳子缠绕在身上或者脖子上，越绕越紧也会导致危险。猫在玩儿绳子的时候，主人最好能陪在身边，既可以逗弄猫，还能预防危险发生。

自己动手做玩具

猫的玩具不需要过于昂贵和精致，毕竟猫的破坏力不容小觑，一旦遇到它们喜欢的玩具，可能分分钟就会扑上去毁掉。家里的日用品可以稍加改造，将其变为玩具的廉价替代品，例如：吸管、纸团、镜子、手电筒和纸箱等。尽量不要让猫玩儿塑料袋，可能一不小心猫就会困在里面被憋死。

自己动手做玩具，有很多需要注意的地方。首先应该考虑的是牢固度，调皮的猫可能会对着自己的玩具咬、抓、拍、踢甚至撕扯，如果质量不佳，几次玩闹后玩具极易散架，撕扯下来的零件，容易被猫误食。

自己动手做玩具，一定要做到能吸引猫的注意力，引起猫的兴趣。从味道和形状上改造玩具，是个不错的主意。猫喜欢猫薄荷的味道，可以在玩具里缝一些猫薄荷，或将静态的玩具改造成能摇来摇去、上蹿下跳，甚至可以跑来跑去的动态玩具。只有激发了猫的狩猎本能，它才会对玩具感兴趣。

最简单的玩具是纸团，随便找一张报纸或者废纸，团起来一扔，猫就撒腿跟着纸团子跑了。找一个塑料瓶子，在里面装几粒黄豆或者大米，拧紧瓶盖，一个简易的带声响的玩具就做好了。在乒乓球上面粘一根细线，或者加一支细棒，一个简易的逗猫棒就做好了。找一根细绳子，在绳子的一端绑个铃铛，另一端自己用手抓着，又一个逗猫神器诞生了。手电筒和激光笔也是猫无法抵挡的诱惑。在墙上或者地板上投出一个来回移动的光束或光点，猫能聚精会神地一直追赶它，而主人只需要躺在沙发上，轻轻地动一动手指。

在自己动手制作玩具的过程中，很多时候需要用到细绳子或者毛线，在玩这类玩具的时候，建议主人在一旁陪同，避免猫把毛线误食进肚子里，引起不适。

★ 专题 猫总是抓破沙发怎么办？

磨爪是猫的本能，因为它爪子的长度增长得很快，当爪子达到一定的长度后，会开始慢慢弯曲，这样不仅会刺伤猫的肉垫，还影响猫的日常行走。猫的爪子在不停生长的同时，爪子上的角质也在同样不停地生长，磨爪可以使爪子上的多余角质脱落，使爪子更加锋利和尖锐。

生活在野外的猫，可以利用随处可见的石头或者不同的地形来磨爪，而生活在家里的宠物猫，平时接触到的都是光滑的地板砖和平整的木板，能让它们不停磨爪的只有沙发这个家具。

想要阻止猫抓破沙发，一定要经常帮它修剪趾甲，一旦趾甲变短了，猫也不会难受地到处选择磨爪的工具了。趾甲的长度不能过短，也不能太长，如果主人没有把握修剪好猫的趾甲，可以带猫去宠物医院或者美容院，让专业的人来修剪趾甲。

帮猫剪趾甲，在一定程度上可以降低猫抓破沙发的频率，但是猫磨爪的天性难以泯灭，我们没有办法彻底阻止这种天性,这时候就需要一个沙发的替代品了。主人可以购买一个猫抓板,逐渐教导猫与猫抓板接触,一段时间后,猫会产生熟悉感,直到猫磨爪时主动磨蹭猫抓板,那么家里的沙发就有可能幸免于难了。

猫抓破沙发之后,主人千万不要暴力体罚它,否则小心眼的猫可能会不断抓破沙发来报复你,它需要主人适时引导,帮它改掉这个坏习惯。

老一辈都说,教好孩子要从娃娃抓起,这个道理对动物来说也一样。对养猫的家庭来说,他们把猫视为孩子、伙伴和亲人,对猫进行一些基础训练,例如教它们坐下、上厕所等,不仅能让猫更容易被管理,也能让它们更好地融入我们的生活。

基本训练

在给猫做基本训练的时候,首先应该给他们起一个名字,方便它们做出反应。名字的字数最好是一个或两个字,出现的次数和频率较多的时候,它们会有意识地辨认出那是属于自己的称号。

训练猫应该采取奖惩分明的方式，不是一味地惩罚，也不是一直纵容。最常见的训练猫的方法是诱导，也就是主人用猫喜欢吃的零食或者食物诱导猫做出一系列动作。奖励是在强化或巩固猫的动作或行为的时候所采取的一种手段；猫虽然记仇，但惩罚仍旧不可缺少，为了阻止猫的异常行为或者错误动作，主人可以选择训斥或者轻拍的方式；强迫是训练猫用到次数不多的方法，是通过机械刺激和威胁性方式强迫猫做出一些动作的手段。通过奖惩分明的办法，可以使猫的训练效果更好。

一般情况下，训练成功率高的动作是"来"。在猫熟悉自己的名字且听到自己名字会抬头的时候，要在固定地点放一份食物，引起猫的注意。主人在呼唤猫的名字时，后面加一个"来"字，引诱猫走来，如果猫顺从地走过来，就给它食物，并且鼓励式地轻轻抚摸它的头部和背部。训练的次数多了之后，猫就会对"来"这个字音产生条件反射。

在训练猫握手的时候，可以利用食物奖励的方式。先用猫的零食在手指上蹭一蹭，抹上食物的香味，然后把带有食物香味的手指伸到猫的面前，这时你将手的位置抬高，猫会跟着你的手站起来，为了保持平衡，猫的爪子也会顺势放在你的手上。这时，你可以一边握住猫的爪子，一把对它说"握手、握手"，并且用另一支闲着的手，喂猫一些它喜欢的零食。按照这样的方法，每天间接性地持续很多次，聪明的猫一定能熟练掌握握手这个动作，并且在你说"握手"这个词语的时候，它会自然地将前爪放在你的手上，与你握手。

猫经过一定的训练之后，也会像狗一样，能从远处叼回一些体积较小的物品。首先在猫的脖子上戴一个项圈，防止猫过于兴奋不听指挥。一只手拿着猫要叼的玩具，另一只手拉着猫的项圈。在猫的面前，一直晃动玩具，并且发出"咬"的指令，一旦猫咬到玩具，立刻抚摸它，并且说出"好"字夸赞。如果猫只玩不咬，主人就要牵引着猫，把玩具放在它的嘴边，发出"咬"的指令，只要它咬到玩具，就给它零食奖励。重复这个方法，多次训练之后，猫就会听主人的话，叼东西了。

训练猫打滚儿的难度也不大，毕竟猫在玩耍的时候，常常会做出打滚儿的动作。在训练时，将猫放在地板上，发出"滚"的指令后，将猫轻轻按倒在地上，并且推着它打滚，在主人的帮助下，一旦猫打滚成功后，就给它食物奖励和抚摸。动作重复多次，直到猫可以自行打滚，猫每次完成动作之后，都要给它相应的奖励。训练次数频繁之后，猫就会形成条件反射，只要听到"滚"的指令后，就会在地上打滚。

"坐下"同样是简单且作用很多的基本训练，大概半个月猫就能学会了。只要猫在家里不听指挥地疯狂玩闹，破坏家具时，主人大声喊出"坐下"的指令，猫就会乖乖停止爪下动作，一动不动地待着。

在训练初期，主人需要一边说出"坐下"的指令，一边轻轻按着猫的背部，辅助猫坐下，如果猫没有反抗，主人要立刻用手抚摸猫的背部，并且夸赞它们，以资奖励。如果猫能在主人轻轻按着时，乖乖坐上两分钟，主人可以用一点食物来奖励它们。在训练完猫"坐下"这个动作一段时间之后，有的猫已经可以不在主人的强制下自觉完成命令了，还有的猫没有太多耐心，坐下之后就想立刻站起来，这时候主人一定要严格，否则猫很难继续乖乖坐着。

训练与奖赏

做错事要接受惩罚，做对事就会得到奖励，这不仅是家长教育孩子的办法，也是主人教育宠物的方式。

对猫的奖励大概有抚摸身体、食物奖励和言语夸赞三种方式，每当猫完成一个训练动作之后，主人就可以奖励它，奖励的多少要随着训练动作的难易程度来确定，完成越难的训练动作，获得的奖励就越多，这样奖励才能更好地发挥作用。

惩罚猫的方式一般有言语呵斥、动作拍打或者对着它喷水等。一旦发现猫有坏习惯，一定要在第一时间对它说"不可以"，聪明的猫会明白主人的意思。如果主人多次呵斥后，还屡教不改，那么就可以使用拍打和喷水的方式了。拍打猫的力度过大，猫会记仇，力度较小时，猫会不以为然，所以惩罚要适度。训练猫要从小开始，相比成年猫，训练容易被接受，训练效果好。

训练猫最好的时间是喂食前，这段时间猫处于极度饥饿的状态，完成动作可以获得食物，这个奖励对猫来说诱惑很大。如果给猫奖励的食物过多，猫可能因为不再感到饥饿而对训练失去兴趣。每次训练的时间最好在十分钟左右，长时间的训练可能会引起猫的逆反心理。训练的内容最好简单些、口令字数少些、手势一定要固定，复杂、较多的动作不仅会引起猫的不适，还会使猫混淆命令，加大训练难度。

室内 or 户外

在确定养猫之前，最重要的决定之一是把它们养在室内还是室外。关于这一点，每个人的想法都是不一样的，认为应该养在室外的人们觉得，猫天性散漫，并且喜欢狩猎，长期待在室内，猫可能会失去自保能力，这对猫是件很不公平的事情。但是把猫养在室内的人们认为，室内环境比较安全，不存在任何对它们生命有威胁的事物，而且养在室内的猫寿命会更长。

主人在做决定之前，要考虑家庭周围的生活环境和猫的性格特点，慎重决定到底哪一种生活方式猫最满意、对猫的安全最有利。

户外养猫面临的威胁不少，最主要的是交通安全问题，毕竟如果养猫的家庭环境在都市，高楼林立、马路纵横、车流疾驰，不是所有的猫都具有良好的方向感和道路感，也不是每一只猫都有好运气能避开所有的危险。猫在追跑和玩耍的时候，稍不注意，就会成为过往车辆碾压的牺牲品。尤其是天冷的时候，户外生存的猫有一部分会选择在汽车底部挡风取暖。驾驶员在开车时，一旦注意不到车底的猫，可怜的猫就要丢掉小命。

黎明或者黄昏，是猫一天中最活跃的时候，同时也是城市里上班和下班的高峰期，此时最好不要让猫外出，避免交通事故的发生。猫可以选择在夜间出门，但在出门前主人最好给它们戴上一副能反光的项圈，以便驾驶员在黑暗的行车过程中能注意到它。

猫养在室外除了可能遇到交通问题，还有被化学药剂、细菌病毒和危险动植物伤害的可能。猫有着闲不住的性格，出门在外的它们肯定会到处闻来闻去，闻到喜欢的味道很可能张嘴尝一尝，但在城市的草丛里很容易沾染到杀虫剂一类的化学药剂，如果吃到肚子里，后果不堪设想。植物多的地方，寄生虫和细菌也很多，被叮咬之后，主人不能立即发现和察觉，没有及时处理伤口，使猫患病的概率更大。

室内饲养产生这样问题的可能就大大减少了，所以猫会更加健康，寿命也会更长。如果主人需要每天上班，最好在出门前给猫提供一些它们感兴趣的玩具，让它们快乐的同时，也做一些基本的锻炼和运动。

猫是领地型动物，如果出生后一直生活在室内，那么它会认为整个屋子都是它的领土，不会轻易出门探险。但猫毕竟还有无拘无束的一面，一旦它们体会到外出探险的兴奋，一定会想尽一切办法找机会出门，所以主人无论什么时候，都最好紧闭门窗，或者关闭楼道的特殊通道。当然，也可以在室内带猫做一些基础训练，如果主人没有太多时间带猫出门，那么就在室内阳光最充足的地方，给猫安置个猫窝。

如果主人的居住环境中有个小院子，那就可以带猫"外出"了。可以在院子里栽种一些猫喜欢的植物，例如猫薄荷和猫草；种一些能够提供阴凉的树木；留一片阳光充足的地方，方便猫做一个"日光浴"。

★专题　为什么养猫的人被称为"猫奴"？

"猫奴"一词是近年来的新兴词汇，顾名思义，就是在人与猫相处的过程中，人的地位居于猫之下，不仅要"伺候"猫的衣食住行，还要哄猫开心，所以被称为"猫的奴隶"。

猫与人的相处方式，与狗不同。一般来说，无论你对狗多冷淡，狗都会对你表现得很热情，不会被你的冷脸所吓退。猫就不一样了，本身它的性格就比较独立，不会那么依赖主人，也不会讨好主人，一旦主人表现出对猫的冷淡，它就会毫不犹豫地离你远远的。

如果主人表现出对猫的热情，例如抱它和亲它，猫很有可能会拒绝主人的亲密接触，甚至不舒服了还会给主人两巴掌。猫吃饱喝足之后，还会在主人身边翻起肚皮，这是在告诉主人，快来帮它揉肚子！主人想要的亲密接触被拒绝之后，主人不仅不能乱发脾气，还得任劳任怨地帮它打理日常起居，看上去就感觉这是在服侍猫大人，而主人自己居于奴隶的位置。

猫并不是不懂感恩，你对它的好，它都会记在心里。用心与它相处，会有不一样的体验与感受。

从猫的历史和本性来看,猫属于独居动物,这可能是在猫狩猎之后,保护猎物的本能使然。但在城市生活的猫是有可能适应群居生活,并且与身边的其他宠物友好相处的。只要主人帮它做一定的社交训练,猫一定会变得自信又友好,能够适应各种不同的环境。

猫的社交训练

家养猫的生活环境相对比较单一,与外界的接触不多。一定要在幼年的时候,给猫安排社交活动,从小培养猫的自信心和开朗的性格,帮助它和其他动物和谐相处。成年猫的性格和习惯相对来说已经固定，一旦更换新环境，它要比幼猫花费更多的时间和精力来适应环境。

幼猫在第 8~12 周的时候，会跟随母猫学习社交技能，如果你把比这个年龄段还小的猫带回家，那么训练猫的社交能力就是主人不可推卸的责任。一般来说，从幼猫出生的第二周起，幼猫就应该得到主人的抚摸，抚摸的频率逐渐增加，从最开始的一天三四次到一天十几次，抚摸幼猫的时间也可以逐渐增加。主人在抚摸幼猫的时候，最好叫上亲朋好友一起，或者经常换装，带上帽子和眼镜这样的伪装，让猫从小开始接触不同的人，适应被别人抚摸。如果猫在很小的时候，缺乏关爱和夸赞，长大后很容易养成不合群的习惯，会对周围的其他宠物态度冷淡，严重的还会患上抑郁症以及有攻击人的行为。

在训练幼猫的时候，要常带着猫在家里走一走，尤其是会发出声音的电器旁边，例如洗衣机、门铃和吸尘器等旁边，最好带它们去周围的公园散散步，狗叫声和汽车的喇叭声也是必须要让猫熟悉的。猫越早熟悉这些声音，长大后越不会被它们吓到。

在教育猫的时候，要掌握好因材施教的原则，因材施教不仅适用于人，在猫的教育上也效果显著。每只猫的性格和爱好都是不一样的，有的猫活泼好动，有的猫骄傲冷漠，还有的猫黏人乖巧，不同的猫喜欢的东西不一样，需要的社交训练也不一样。主人在开始训练前，一定要了解自家猫的性格特点。

猫和猫之间

很多养猫家庭在拥有一只猫之后，会担心一只猫感到孤单和寂寞，他们会选择让第二只猫加入他们的家庭，让它们互相陪伴着一起生活。

在第二只猫正式进入家庭前，最好先将两只猫隔离，不要让它们直接接触，最佳的隔离时间为一个星期。在这段时间里，分别将两只猫放出猫笼，让它们互相熟悉彼此的气味，知道对方的存在，避免第一只猫将新来的猫当做入侵者，在你看不到的时候向对方发动攻击。一周后，两只猫彼此见面、互相熟悉后，可能会出现打闹的情况，不过不用担心，因为猫对自己的领地不会轻易放弃，即使有新成员加入，它们都不会选择一气之下离开家。

猫和狗之间

俗话说"猫狗是仇家"，因为猫与狗的性格和生活习性是完全不同的，甚至可以说南辕北辙。将猫和狗养在一起，你可能经常会看到它们打架：狗在咬猫、猫在挠狗，两种动物互不相让、彼此示威。猫狗未必不能和平共处，关键是看主人如何处理好它们之间的关系。不过，如果猫和狗都已经成年，混养的难度是比较大的，相反，如果在它们都还未成年的时候就混养，对主人来说难度不大，同时猫狗的感情也会比较深厚。

猫和小孩子

猫是一种很谨慎、敏感的动物，它们往往需要更多的时间去适应新的环境，并且会对周围的人或者事物保持警惕，还会时不时暗中观察，一旦出现异常的情况，能够迅速逃离或者发动攻击。

在猫的眼中，成年人高大威武，具有强烈的攻击性，所以当一个不熟悉的成年人靠近的时候，猫出于自我保护的心理，会全身耸起进入戒备状态。这时候，一旦成年人随意靠近或者抚摸它们,就容易遭到猫的攻击。

对猫来说,小孩子是与众不同的,因为它们个头比较小,看上去白白嫩嫩的,丝毫没有攻击性。大多数情况下,只要小孩子慢慢靠近、轻轻地去抚摸猫的身体,猫都不会主动攻击小孩子,甚至很容易放下戒备,和小孩子一起玩耍。

猫喜欢小孩子,当他们靠近时,猫也许会认为小孩子是自己的伙伴和朋友,没有攻击力的小孩子可能需要自己的帮助,所以猫非常喜欢和小孩子一起玩耍,在玩耍的过程中也会变得温和且有耐心,有时甚至会充当保护者的身份。

当然了,猫并不是对世界上所有的小孩子都很友好,毕竟它们在选择"朋友"方面,眼光还是很高的。如果顽皮的小朋友对猫很不友好,把猫当作呼来喝去的玩具,甚至把猫扔来扔去,高傲的猫也会发脾气,必要时会进行反抗和攻击。

另外,不是所有的猫都会有耐心跟小孩子一起玩耍,有一部分猫性格暴躁,它们并不适合与小孩子待在一起。有可能一不注意,在我们的眼皮底下,猫就会用尖锐的牙齿和爪子在孩子的身上留下伤痕,造成伤害。

如果你想要猫和小孩子一起生活，那么你最好能确定猫的性格是稳定的，是不会随意乱发脾气的。在与猫相处前，先教会孩子尊重猫，把猫当成永远的朋友，否则两个调皮捣蛋、互不接纳的生物待在一起，之后的每一天，你都可能会过上鸡飞狗跳的生活。

SEVEN

猫的毛发管理和美容

　　猫咪似乎天生就善于自我"毛发管理"，但主人却不可因此偷懒，梳毛是养猫过程中的重要环节。不过，有些项目难度较大，或者费时费力，那么我们就要把这些交给专业的宠物美容人士来做，帮助猫咪改变外观，呵护猫咪健康。

一、被毛梳理

无论是对于猫，还是对于狗，毛发带来的烦恼无法避免。被毛梳理，在猫咪的养育过程中，亦是重要的环节之一。

猫的自我清洁

自古以来，猫就有"爱干净"的美名，这是因为猫不管何时何地总是会把自己舔得干干净净，故而绝大部分人们认为猫是很爱干净的。

梳理用具的使用

猫的梳理用具五花八门，不同毛长的猫所需的用具不同，针对不同部位和不同问题的梳理工具更是层出不穷。虽然猫有自我清洁的能力，但吞食进肠胃中的多余毛发会形成毛球，影响猫的健康，所以在日常生活中的梳理就显得尤为重要。最重要的是，千万不要拿人类使用的梳子给猫梳毛。

宽细齿梳

细齿梳和宽齿梳是常见的梳理猫被毛的梳子，它们唯一的区别就是梳齿的间距不同，从名字就可以看出，细齿梳的间距比较密集，宽齿梳的间距比较宽松。

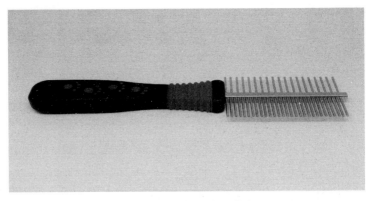

宽齿和细齿一体的宽细齿梳

梳子是人们使用频率最多，也是使用范围最广的一种梳理工具，它不仅适用于猫，狗也同样需要它们，毕竟梳子不仅可以将被毛梳理得平整顺滑，还能将宠物身上的废弃毛发、污垢和死皮也梳理干净。

宽齿梳适合梳理毛发较浓密且又厚又长的猫，这样可以轻易将浓密毛发上面打结处梳理开来，毕竟使用细齿梳不仅工程量大，且很容易弄疼猫。细齿梳更适合被毛短且不易打结的猫，能使猫的被毛更光滑柔顺。

使用猫梳子的方法和使用人梳子的方法是一样的，要顺着猫毛发生长的方向，一层一层慢慢梳理，避免引起猫的疼痛。

针梳

针梳的面板通常呈长方形，并且针梳的尖端比较尖，针齿较短。使用针梳，可以使猫的被毛更加蓬松，通常使用针梳的猫都有很多较长的被毛，且被毛蓬松。因为针梳的针齿比较短，所以在梳理较长的毛发时，很难梳到毛发的根部，这就需要主人在梳理前将毛发一层一层分开。

针梳

使用针梳的方法和其他梳子不同，要按照从毛尖到根部的顺序梳理，逆着毛生长的方向轻梳，才能在达到使毛发蓬松的效果之后，还能将毛发梳散通透，不会弄疼猫的皮肤。

根据猫的个头大小，可以选择面板大小不同的针梳。值得注意的是，针梳的尖端比较尖，在遇到猫身上皮肤比较薄弱的地方，例如眼皮、耳朵和肚皮等部位时，一定要格外小心，避免划伤猫的皮肤，同时也要注意不要划到自己的手呦。

脱毛梳

顾名思义，脱毛梳的作用就是有效地将猫身上脱落的废弃毛发和死皮梳理下来。这种梳子在换毛季使用的频率是最高的，它比平常的梳子使用效果更好，因为脱毛梳的齿相对细齿梳来说，更短更密，不会对健康的毛发产生伤害，同时也能避免废弃毛发清理不干净的情况。

唯一值得注意的是，在使用脱毛梳前，要先用细齿梳或者宽齿梳之类的梳子将毛发梳顺，然后再用脱毛梳，顺着毛发生长的方向进行梳理，在梳理过程中，梳子上面的齿最好与猫的皮肤相平行，不要让梳子的齿垂直于猫的皮肤。使用脱毛梳的频率不宜过高，同时在同一个部位，梳理的时间和次数也不要过长。

开结梳

很显然，在给猫梳理毛发的过程中肯定会遇到梳理不开的毛结，这时候开结梳的作用就显现出来了。因为这个梳子的齿不仅能梳毛，而且它上面带有金属刀，能够轻而易举地将打结的毛发切断。

在梳理过程中为了避免将不应切掉的毛发切掉，就需要逆着毛生长的方向梳理。遇到打结的地方，轻轻握住打结的毛发，用力过度可能会拔掉猫毛，留下的部分用开结梳梳理，猫毛遇到刀刃就会自动断裂，其他毛发不会被切掉。唯一需要注意的是，梳理毛发时候的力度问题。

不同种类毛的梳理方法

梳毛是在养猫过程中比较重要的一个环节，因为梳毛能够促进猫血液循环，能让猫毛长得更加浓密旺盛，在梳毛的过程中，还能将已经脱落的废弃毛发及时梳理下来，从根本上阻止猫因误食毛发而产生肠胃疾病。

不论是什么种类的猫，在梳理前一定要先检查猫的眼睛、耳朵、嘴巴和爪子是否干净，有没有生病的迹象，确认健康后，再开始梳理毛发。

梳理毛发时，应从头部开始梳起，额头的毛发要自上而下梳理，下颌的毛发则需要从下往上梳理。接下来要梳理的是猫足部的毛，在刷子上沾一点爽身粉，足部的毛要向足尖的方向梳理。将头部和足部梳理好之后，再依次梳理背部、腹部和胸部上的毛，尾巴上的毛最后梳理。注意梳毛时的动作一定要小心哦，不要划伤猫的皮肤。

被毛长度不同的猫，梳理的方法一定是不同的。短毛猫的被毛较短，不需要每天梳理，一般一周梳理两次，每次半个小时最佳。这是因为短毛猫的舌头较长，完全可以自己将被毛打理干净。在平常的生活中，主人在和猫玩耍或者抚摸猫的时候，完全可以不需要工具，用自己的手指慢慢地将猫身上的毛发捋顺，梳理干净。这种方法不仅方便快捷，还能增加与猫亲近的时间，促进人猫之间的感情。

长毛猫与短毛猫的不同之处，不仅在于毛发的长短，更重要的是，长毛猫一年四季无论什么时候都在掉毛，这就需要每天都帮长毛猫梳理毛发了，大大增加了主人梳理毛发的难度，梳理的时间每次最好在 20 分钟左右。首先要用粗齿梳将粘黏在一起的毛发梳开，如果遇到梳不开的死结，就用开结梳将其剪掉，然后将厚重的毛发分层，用细齿梳将毛发中的死皮和残留毛发梳理开来，之后用脱毛梳再认真梳理一遍。在梳理的过程中一定要动作轻柔地沿着猫毛生长的方向梳理。

　　梳理完猫毛之后，可以在猫的身上撒一些爽身粉，能更好地使猫毛变蓬松柔软。当然梳理前也可以撒爽身粉，这时爽身粉的作用就是帮助你解开打结的猫毛了。值得注意的是，只有在脱毛季才会使用逆着毛生长方向梳理的方法，一般情况下很少采用这种方式，尽管它能促进猫毛的生长。

二、猫的其他美容事宜

由于猫咪天性胆小、敏感，进宠物美容店会显得格外焦虑不安，甚至会因过于紧张而表现出攻击性。基本的猫咪美容除了被毛梳理外，还包括洗澡，修剪趾甲，清洁眼睛、耳朵、鼻子等。不过在进行美容之前，先要安抚好小猫咪，让它平静下来。

给猫洗澡

在所有养过猫的人眼里，给猫洗澡绝对是一件费时费力且异常困难的事情。大部分的猫都害怕水、不喜欢水甚至抗拒水，在主人给它们洗澡的时候会不停挣扎，一旦找到逃跑的空隙,会用最快的速度,跑到离水最远的地方。

家猫的祖先是非洲野猫和亚洲野猫,这两种猫主要生活在缺水的草原和干旱的沙漠,在水资源极度匮乏的环境中,猫身体里所需要的所有水分都来自猎物,它们的生存方式对水的依赖性不强,清理被毛时也不需要用水洗漱,舌头能将身体清理干净。有一种猫名叫土耳其梵猫,它们是家猫中较为特殊的,炎热的夏天来临时,跳进湖泊洗澡是令土耳其梵猫开心的一件事,它们不讨厌水甚至喜欢和水亲密接触的感觉。

猫不喜欢水的原因是它们讨厌把自己身上的毛弄湿,被浸湿后的毛会吸收大量水分,尤其是长毛猫和生活在寒冷地区的猫。在等待毛发变干的时间里,蒸发的水分会带走猫身上的热量,猫很难维持自身的温度,体温迅速下降,严重的会有死亡的风险,尤其是在寒冷的冬季,这也是猫为什么喜欢温暖、干燥环境的原因。在自己清洁和被主人用水清洁这两个选择中,猫果断选择了前者。

如果主人在给猫洗澡的时候,用水管里带有冲击力的水喷向猫的身体,并且强迫猫洗澡的话,猫会本能地将这种行为视作攻击,为了自保会迅速躲避,脾气不好的猫还可能立刻向你发动攻击。猫会将这些关于洗澡的不愉快情形全部记住,留下心理阴影。

猫有灵敏的听觉，通过周围细微的举动来判断环境是否安全，作为独居动物的猫，听觉对它来说极其重要。洗澡时流水的"哗啦"声会严重影响猫的听觉，听觉被影响可能会使猫感到暴躁和不安。在洗澡过程中，猫的耳朵里一旦进水，如果不赶快处理，很容易引起感染和发炎。

在给猫洗澡前，最好先把猫的趾甲修剪得短些，避免在慌乱的洗澡过程中被猫抓伤。也可以提前在猫的耳朵里塞一团棉花，防止猫耳进水引起发炎。

第一次给猫洗澡的时候，两个人是最好的组合，一个帮忙按住不听话的猫，另一个负责给猫清洗，在猫适应洗澡过程后，一个人就可以独立完成这项工作了。给猫洗澡的时候尽量选择桶，而非盆，在桶中倒入半桶水温为 40 摄氏度左右的水最佳。洗澡时，先清洁猫的身躯部分，头部尽量保持干燥，最后再清洗头部。如果在猫还没有准备好洗澡的时候，将它的头部打湿，可能会引起剧烈挣扎、反抗和攻击。

洗完澡之后，一定要用吹风机里的热风将它的被毛吹干净，吹的过程中不能离猫的距离太近，以免烫伤。吹风之后，一定要记得再一次用棉签仔细清洁猫耳朵的内部，以免进水。

给猫剪趾甲

磨爪是猫的天性，这不仅可以将多余的趾甲磨去，还能通过爪痕来标记自己的势力范围。为了不让家具变得伤痕累累，也为了减少猫因为趾甲过长而不舒服的情况，趾甲剪的存在就显得尤为重要。

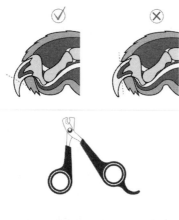

给猫剪趾甲的角度和猫咪专用趾甲刀

给猫剪趾甲这个习惯一定要从小开始培养，时间长了之后，猫不仅不会在你剪趾甲的时候捣乱，反而还会很配合你。成年猫如果小时候没有接触过这个行为，很可能不习惯剪趾甲的过程，有可能在剪趾甲的时候受到惊吓，从而出现抓伤主人或者弄伤自己的情况。注意给猫剪趾甲千万不能用人类使用的指甲剪，猫专用的趾甲剪和钳子很像。

在给猫剪趾甲前，最好挑一个猫很放松的时刻，或者猫睡觉的时候，在猫不知情或者防备心不强的时候，轻而易举地剪完趾甲。在猫清醒的时候带猫剪趾甲，首先要去一个宽阔舒适的地方，这有助于使猫放松心情，再准备点猫喜欢的零食或者化毛膏来转移猫的注意力。

使用趾甲剪前最好先轻轻按压猫的爪子，让它亮出自己的趾甲，然后一只手抓着猫的爪子，一只手握着趾甲剪，迅速且准确地将猫爪子上弯曲的部分减掉，留一些长度。猫的趾甲上连着血管，一旦剪得趾甲过短，很容易出血，不要剪到爪子上粉红色的部分。剪趾甲的频率要根据猫趾甲的生长情况而定，一般情况下一周两次最佳。

清洁耳朵

我们都知道，毛发将猫的耳朵遮住，给细菌滋生和沉积提供了极大便利，长时间不清洁会产生耳部疾病。

在给猫清洁耳朵前，最好准备个亮一点的灯，这样就可以将猫耳朵里的东西照得一清二楚了，不过在用灯的时候一定要避开猫的眼睛。

正常情况下，猫的耳朵呈淡淡的粉红色，耳垢量少且无异味，只需要简单地帮它清理一下就可以了。一旦猫的耳垢有了颜色，例如绿色、红色、暗红色或黑色，这都不属于正常情况，需要及时带猫去医院就诊。

如果你的家中不止有一只宠物，那么在给猫掏耳朵的时候，最好将它们隔离开来，一旦猫受到惊吓，耳部的清洁是很难继续下去的。清洁耳部的时候，最好将猫的全身固定住，最简单的办法就是用浴巾将它裹起来。如果在这过程中，猫发脾气了，暂时停止掏耳朵的动作，让它出去玩儿一会儿。如果一直强迫猫，很可能会让它产生抵抗和逆反的心理，下一次掏耳朵的难度就更大了。

不管猫耳部里有多少污垢，都要用专用洗耳液，而不能用水来帮助清洁，因为这很可能会导致猫耳道滋生大量细菌，得不偿失。用棉签帮猫掏耳朵的时候，一定要掌握好尺度，一点一点慢慢进去。尽管猫的耳道非常深，但一下子就将棉签捅进去，不仅会让猫很难受，还有可能伤到猫的耳膜。

清洁眼睛

人的眼睛有分泌物，猫也有。通常情况下，健康猫的眼睛上是不会有分泌物的，但不排除猫在起床的时候会产生分泌物的可能。猫在自己给自己洗脸的时候，舌头不够长，不可能清理到眼睛周围的污垢，这就需要主人的帮助了。

健康猫的眼睛分泌物通常为褐色，用棉签或者湿巾就可以轻易擦拭干净，但有的猫性格内向胆小，棉签可能会伤害到它的眼睛，小块的棉花、卸妆棉或者湿巾就是比较不错的选择了。

首先需要将卸妆棉或者棉花在生理盐水中浸湿，以防细菌感染。然后轻轻将猫的头部往上抬，避免引起猫的反抗与不配合，这时主人可以在稍微加一点力气来控住猫头部的同时，温柔地抚摸猫的脸部，尽量使猫放松。然后将浸湿的卸妆棉沿着眼睛的边缘，轻轻地从眼头至眼尾，来回擦拭，如果遇到比较硬的分泌物，也用来回擦拭的方法，使分泌物软化，不要使劲擦拭，否则很可能造成眼部发炎。眼睛上的分泌物擦拭干净之后，如果条件允许，可以在猫的眼睛里滴一点保养用的眼药水，将猫眼中多余的泪液带出来。

在给猫清洁眼睛的时候，千万不要用手强行将分泌物撕扯下来，因为人的指甲中可能含有细菌，还会划伤猫眼睛周围的皮肤，产生更加严重的后果。

清洁鼻子

猫的鼻子上也会有污垢，这些污垢可能是猫感冒时流出的鼻涕，也可能是眼睛的泪液流到鼻子上后，干涸凝结成的。

猫鼻子上污垢的颜色也是不同的，鼻涕通常为浅白色，干涸的泪液通常为黑褐色。

猫的鼻子大多情况下是湿润的，当空气干燥时，鼻子上堆积的污垢可能会更多。主人在看到这些污垢时，不需要过于担心，只需要时常帮猫清洁干净就好了，一旦猫鼻子上的污垢颜色不同，那就需要尽快带猫去医院就诊。

帮猫清洁鼻子的时候，可以用干净的纸巾、棉签或者毛巾，纸巾最好不要太硬，毛巾也不要太粗糙。猫鼻子部分的皮肤很脆弱，硬的东西很容易造成擦伤。如果鼻子上的污垢较硬的话，可以将柔软的纸巾浸湿，轻轻地擦拭，让污垢变软，从而擦拭干净。

清洁猫鼻子前，一定要选择猫安静的时候，用手抓住猫颈部后面的那一撮毛，然后将猫提起来放在腿上，一只手控制住猫的两只前肢，让猫的后肢靠在主人的大腿上，最后再将准备好的纸巾或者棉签在猫的鼻子周围轻轻擦拭，也可以在猫鼻子内壁的地方轻轻挑动，更好地将猫鼻子内外都清洁干净。

在帮猫清洁的时候，一定注意，要动作轻柔，不可以将棉签捅进猫的鼻孔里，这样不仅会破坏猫鼻子内部的组织，还会弄疼和惹恼猫，破坏猫对主人的信任。

★专题　简单DIY，自制猫帐篷

猫每天最少有 17 个小时是在床上度过的，它们需要充足的睡眠，所以一个温馨又舒适的猫窝就显得很重要了。当你收养了一只流浪猫回家之后，家里如果没有提前准备一个属于它的猫窝，不仅会让猫没有安全感，而且还会让它睡得不舒服。

猫窝如果不能马上买到，而且还会有昂贵和不实用的缺点，那么可以选择自制一个猫帐篷，不仅实惠，制作还很简单。制作猫帐篷所需要的材料也很简单，两个铁丝衣架、剪刀、硬纸板、胶带、针线和废旧的大件衣物。

首先把铁丝衣架剪开，用力拉开，扯成两个半圆的形状，然后用胶带将两个半圆形的铁丝交叉着缠绕在一起。然后选择一块硬纸板作为猫窝的底部，如果你觉得一片硬纸板太薄的话，可以两块一起叠着放置在一起，用胶带将硬纸板的边缘包裹完整，并且在硬纸板的四个角分别扎上四个孔，这样可以方便铁丝衣架的末端穿过纸板。选择一件宽大的 T 恤，把上面半圆形的开口位置对准正面，可以充当猫帐篷的入口，然后将整个 T 恤套在已经装好的帐篷骨架上，铁丝衣架和纸板完全可以将衣服撑开，套好的衣物可能会有长出来的部分，这部分最好不要剪掉，可以全部折叠收在帐篷的底部，用胶水或者针线将其固定好。最后调整帐篷的外形，甚至可以在帐篷上添加一些装饰。

在选择铁丝衣架的时候，一定要选用有一定硬度的，否则衣架难以撑起整个帐篷，很容易发生变形。在制作好的帐篷里可以垫一个抱枕，这样猫躺在帐篷里可能会更加舒服。

EIGHT

教你看透猫心思

人与人交流可以依靠语言和表情，猫与猫之间的沟通大部分是依靠彼此之间的气味、动作和眼神。人与猫虽然语言不通、物种不同，但想要看透猫的心思也不是非常困难，只要弄清楚猫的行为和情绪就相对容易了。

除了主人有意训练猫做出迎合人类的动作之外，猫也有属于自己的身体语言，例如尾巴摇摆、耳朵耸动等等。在知道了猫的身体语言之后，就能更好地看透猫的心思了。

眼神发呆

人在酒足饭饱之后，精神放松，会有昏昏欲睡和反应迟钝的感觉，在这一点上，猫与人是极其相似的。猫在进食之后，眼睛会逐渐失去神采，也就是我们看到的双目无神、目光呆滞地直勾勾看着一个地方，这时它的身上没有了以往的机警，精神

234

处于极度放松的状态，即使主人大声呼喊它，它也不会理睬。

遇到这种情况，主人千万不要任性地去推它或者大声叫它，要不然很可能猫会对你发动攻击。此时最好轻轻抚摸着它，更好地帮助它进入睡眠状态，安安静静待在它的身边，尽可能为它营造一个舒适的睡眠环境。但是猫如果经常发呆，长时间双目无神，很有可能是生病了，需要主人尽快带它去医院检查。

眼睛斜视

有时候，主人经常能发现猫会用一种奇怪的眼光看着你，主要表现为睁大眼睛，但是眼睛不会正面看人或者看物体，反而用眼睛的余光，偷偷"撇"着目标不放，好像有一些让人捉摸不透的心思。

猫会斜着眼睛看人的原因大概有两个：一个是好奇心，另一个就是嫉妒心。当猫对一个移动着的陌生物体感兴趣的时候，就会安静地趴在地上，用眼角悄悄地观察注意着。当它觉得时机成熟时，可能会立马扑上去看看这个陌生的物体是什么。在多猫家庭中，主人和其他猫玩耍的时候，有的猫会把自己的不开心明明白白地表现出来，甚至会气冲冲地跑到主人身边来捍卫自己的权利，但有的猫不是，它们会躲在一个安静的角落，斜着眼睛注视着主人的一举一动，如果主人发现了猫的注视，猫就不会躲避主人，反而会理直气壮地与主人对视。

面对猫的斜视，主人一旦呵斥、打骂、漠视了猫，那么猫不仅会觉得自己高傲的自尊心受到了伤害，还会认为自己已经失去了主人的宠爱，逐渐变得内向、不合群。但如果在看到猫斜视的时候，就跑过去和猫玩耍，会助长猫的骄纵之心，长此以往，猫会变得越来越小气，心眼儿也会越来越小。最好的做法就是，接受猫的眼神，并且将它抱过来一起玩耍，与猫分享游戏的快乐。

当然，猫眼睛斜视还有疾病的原因，如果出生后的小猫经常斜着眼睛看家里的事物，主人最好带它到医院检查矫正为好。

眼睛圆睁

猫虽然擅长狩猎、警惕性极高，但不可否认的是，猫的胆子很小，很容易受到人或者动物的惊吓。当猫感受到身边存在潜在威胁或者有不利于自己生命的事物出现时，全身会处在高度紧张和戒备的状态，以便出现问题时，能够第一时间做出反应：或逃跑或攻击。处于戒备状态的猫，眼睛会一眨不眨地盯着威胁物，表情严肃、眼睛圆睁，紧绷的神经使猫眼睛里的瞳孔缩小，由正常情况下的一个圆圈缩小成一个小点。

如果遇到这种情况，主人最好不要靠近这只处在戒备状态下的猫，因为这只猫为了打败敌人，可能会在你不注意的时候发动攻击。它可是不会因为你是主人就对你放下戒备、手下留情的。最好的做法就是停止手上的动作，安静地坐一会儿，等猫的情绪变稳定后，再去尝试着抚摸猫，以减轻猫对周围环境的敌意。

舔鼻子

舔鼻子是猫经常会做的小动作，有时候它会伸长舌头，用舌尖舔一舔鼻尖；有时候会用舌尖在鼻子上来回打转。猫舔鼻子是有一定好处的，长时间保持鼻尖湿润，不仅可以使嗅觉更加灵敏，鼻子上的神经丰富，舔鼻子还会快速稳定猫的情绪，使其恢复良好的心态和健康状态。

如果你想通过猫舔鼻子这一行为，了解猫的身体语言，首先你需要知道猫舔鼻子的原因。猫的胆子很小，很容易受到周围环境的影响，也会因为外界的声音或者动物而变得紧张分分，故而会经常通过舔鼻子这一方式，来缓解自身的紧张情绪，调节好心态。如果周围的环境是安静舒适的，但猫却频繁地舔着鼻尖，可能是想告诉你，它口渴了，想喝水。

观察猫，如果猫是因为紧张而不停舔鼻子，主人可以将猫轻轻抱起来，温柔地抚摸它的脊背，细声细语地与它交流，最大限度地将安全感传递给猫，同时还可以陪猫玩一些有趣的游戏，有效转移猫的注意力。主人在家时，最好时刻注意猫的水碗，如果水碗里的水不新鲜或者所剩无几，应立即为猫换上一碗干净新鲜的水，避免猫"舔鼻止渴"。

耳朵向前凸起

当猫的耳朵向前凸起的时候，证明此刻猫的心情是很美妙的，这个动作主要表现为耳朵直直地竖立，看上去就像两个一模一样的正三角形，其中耳孔用力地向前倾斜。

聪明的主人看到猫耳朵向前凸起的时候，一定会牢牢把握住这来之不易的机会。选择在它最温顺的时候，做一些它平时完全不会接受或者很讨厌的事情，例如洗澡、剪指甲、打针等。在这个时候，即使是陌生人来抚摸它，猫也不会像平时一样惊恐地上蹿下跳，反而还会主动和陌生人打招呼，任由对方抚摸着自己的被毛。

尽管这个时候，猫的脾气很好，但和猫玩闹的时候还是要注意尺度，不要过分地招惹猫，否则猫的好心情被破坏，为了报复主人，很可能会把家里弄得一团乱。

耳朵耸起并转动

猫的耳朵和鼻子都很灵敏，耳朵不仅能够清楚地听到远处传来的声音，还能够辨别这种声音。当猫耳朵高高竖起、脸色平静的时候，那一定是它听到了远处的声响，此时，耳朵会随着声源的变化而转动，并且偶尔还会颤抖一下。

猫获得这些信息后，会做出一定的判断，预备下一步的行动，以此来确保自己的生命安全。当主人发现猫正在认真聆听时，最好保持室内安静，不要发出大的噪声来影响猫获取信息，更不要为了吸引猫的注意，在它的耳边制造新的声响，否则很容易引起猫的反感，从而影响人与猫之间的感情。

耳朵抽动

当猫的耳朵高高竖起，并且一直向前方做出快速而短暂的抖动时，我们叫做"耳朵抽动"。通常猫耳朵抽动的时间不短，会持续一段时间。

猫耳朵抽动通常情况下只有两种原因，一种是在极度恐惧或者精神紧张的时候，面部神经的紧绷和收缩，会导致耳朵神经的痉挛，从而不由自主地抽动起来。另一种是当猫受到外界干扰的时候，耳朵会有"痒"的感觉，这也会让耳朵产生连续抽动，例如当主人轻轻抚摸它的耳部或者朝着耳朵吹气的时候、当猫咪想驱赶碰了耳朵的飞蛾的时候等。

知道猫耳朵抽动的原因，就不难解决相应问题了。如果猫是因为恐惧和害怕而抽动耳朵，主人应该不停地抚摸猫的脊背，温柔地对它说话，也可以把猫轻轻抱起来安抚它的情绪，直至猫感受到足够的安全感，就不会再害怕了。如果猫是因为"痒"而不正常抽动的话，主人需要检查猫的耳朵是否发炎生病、是否有异物进入了猫的耳朵，并且要帮助驱赶围在猫身边的飞虫。

耳朵平贴脑后

这个动作就是猫的耳朵会逐渐向脑袋后方倒伏，最后耳朵会像纸张一样贴在脑后，同时还会伴随着严肃的表情和紧蹙的眉头。当猫被主人呵斥后感到惭愧和恐惧时，就会出现这种可怜的表情，睁着水灵灵的大眼睛仿佛在说："主人，我知道错了,不要惩罚我",如果有人靠近的话,它还会不断后退,拒绝与人接触。

遇到这种情况后,主人最好不要近距离接触它,否则处于惊恐状态下的它很容易会划伤你。最好的做法就是暂时离它远一点,给它足够的时间来调整自己的状态和心情,当它表情放松之后,再去抚摸和接近它。

嘴巴抿紧

猫在遇到敌人或者感受到威胁的时候,通常情况下会张大嘴巴,露出尖锐的牙齿,表现自己的强悍,并且以此来警告周围的人或其他动物不要靠近。猫羞涩时与敌对时的反应相差十万八千里,羞涩时它会不敢抬起自己的眼睛,上嘴唇和下嘴唇紧紧地抿在一起,不露出一点牙齿,甚至行动还有一丝扭捏的意味。

嘴巴紧抿时,通常是猫紧张和感到不适的时候,主人应该先和它进行一些身体上的接触,例如抚摸它的被毛和下颌,或者抱抱它,这些动作在给猫安全感的时候,还能帮助猫放松心情。

如果家里的猫经常会因为周围的环境而紧张，最好带它去宠物医院检查一下，以免猫因为性格过于内向而造成抑郁。在平时的生活中，主人最好多带它与周围的猫接触，多陪它玩耍，逐渐培养猫热情开朗的性格。

胡须向前弯曲

如果猫在面对你的时候，胡须会不由自主地展开，并且微微向前弯曲，同时表情平和，这是猫在向你表达友好的一种方式，此时它对你是毫无攻击念头的。在猫的眼中，胡须是无可替代的、非常重要的身体组成部分，轻易不会向别人靠近，在表达友好的时候，胡须很难与人类的面部贴近，这也是胡须需要向前弯的原因。

接收到猫的友好信息之后，主人可以像猫一样，用自己的脸颊去蹭一蹭猫的脸颊或者胡须，你这样做完之后猫会非常开心，因为它觉得你已经能很好地了解它了。

尾巴语言

猫尾巴的姿势变化，也在表达不同的情绪。尾巴略微向下，但是尾尖向上的时候，说明猫此刻很悠闲，正享受着属于它的美好生活；尾巴竖起，但是尾尖弯曲的时候，这是在向你表达善意和友好，不过这友好还是有些许保留的，还没有达到完全信任你的地步；当尾巴高高竖起，连尾尖也竖直的时候，这才是表示猫已毫无保留地信任你，愿意和你亲近。

尾巴下垂，并且夹在后腿之间，表明它感到恐惧；尾巴向下，但是全身上下的被毛都竖起来的时候，则表示猫此刻内心非常害怕，并且已经做好发动攻击的准备了；如果猫一直晃动着它的尾巴，这表明猫正处在愤怒和生气的边缘。

主人可以根据猫尾巴姿势的变化来判断猫此刻的心情，如果猫生气的时候，最好远远地躲开它，猫开心的时候，就可以尽可能地陪它玩儿了。

猫和人类一样，也有七情六欲，但它与人类之间隔着一条语言的鸿沟，我们想要判断它的情绪，只能通过不断观察猫的行为和肢体语言。

信赖

猫本身是一种谨慎又疑心重的动物，想要获得猫的信任只能通过日常生活的不断交流和接触。通过观察猫的行为，就可以知道猫是否信赖和依赖你。

猫最大的弱点是它的腹部，如果它信赖你，那么就会在你的身边翻着肚皮滚来滚去，不停地变换姿势来吸引你的注意，甚至愿意让你抚摸着它的肚皮挠痒痒。在与猫接触的时间里，猫的状态越放松就证明越信赖你。

爱干净的猫平时最喜欢做的事情就是舔舐被毛，如果猫在舔舐被毛的时候，离你远远的，不愿意靠近你，就说明它不信任你。如果你能成功靠近它，甚至能帮它梳理被毛，至少在猫的心里，你是不会伤害它的，它已经开始信赖你。

与猫对视，观察猫的胡须，胡须也能时刻反映猫的心情。如果胡须是朝向鼻子的前方，千万不要靠近猫，这是猫讨厌你的表现，如果胡须无力地低垂着，则说明猫很无聊。

撒娇

猫看上去是一种性格非常独立的宠物，相处的时间长了，你会发现猫也会撒娇，只不过撒娇的频率不高而已。

小猫是最喜欢撒娇的，当主人正在走路的时候，它突然在路中间拦住你，然后倒在你面前，这是在告诉你，它想要一个拥抱；也可能会趴在你的小腿边，不停地往上抓，想爬到主人的怀抱里；当猫伸长身体，尾巴高高竖起，并且不停地来回摆动的时候,也是想要一个主人的拥抱。这时主人应该轻轻地把它们抱起,慢慢地抚摸它们的脊背,温柔地对它们讲讲话,这样不仅能满足猫咪的要求,还能加深与猫咪之间的感情。

猫撒娇的行为不止这些,它会主动跳进你的怀里,不吵也不闹,但会用它的大眼睛一眨不眨地望着你,让你不能忽视它的存在。猫在睡觉的时候,抱着你的胳膊或者大腿,也是一种撒娇的行为,因为它想一直贴着你、陪伴你。

抑郁

抑郁的字面意思就是忧伤和不开心,抑郁症并不是人类特有的病症,猫也会患上抑郁症。这种悲观的情绪在严重影响猫精神的同时,还会伤害猫的身体健康。

猫患上抑郁症的表现有很多:会丧失玩儿游戏的兴趣;每天都萎靡不振,几乎没有精力充沛的时候;容易受到惊吓,不论是什么样的周围环境都会影响猫的情绪;食欲不振,看见平时喜欢吃的零食也不会有张嘴的欲望,身形逐渐变得纤细;出现睡眠障碍,睡不着、醒得早,再也不会每天睡觉超过 17 个小时;猫会出现自杀或者自伤的行为,这是因为它抑郁,出现了轻生的想法。

一旦发现猫可能抑郁的时候，应该立即将它送到医院，寻求医生的帮助，在医生的指导下喂它喝药。主人平时也应该多带它出去散散心，让它尝试着和其他的猫一起接触与交流，来缓解心理上的烦闷与紧张。

敷衍

敷衍通常发生在猫做错事情，主人与它说话的时候，或者在它躺着不想动、主人特意去撩逗它的时候。当猫做错事情的时候，主人通常不会选择体罚，因为小心眼儿的猫不仅会记仇，还会失去对主人的信任。

当你面对面与猫认真说话的时候，它如果把脑袋撇向一边，不正视你的眼睛，有可能是在走神。当你发现猫看着你的时候，眼神飘忽不定地看着周围的环境，不耐烦地摇着尾巴，甚至会朝着你翻白眼，一定是在敷衍你，并且敷衍得明明白白。

如果与猫交流的时候，不想被敷衍，最好先温柔地将它抱起来，抚摸着它的被毛，或者提高声调来指出它的错误。平淡的语调、没有肢体间的接触，并不会让猫清晰地认识自己的错误，只会不停地敷衍你。

迷惑与烦恼

尽管猫很聪明，但它还没有聪慧到可以完全读懂人类的语言。猫觉得做了一件很正常事情的时候，人却可能并不这么想，甚至还会惩罚猫。遇到这种情况，猫也会惊慌失措，疑惑且不解，例如猫想送给主人一件礼物，就跑去别人家悄悄叼了干鱼或者腊肠，主人看到了会生气地惩罚猫，这时猫就会很委屈。

猫疑惑委屈的时候，会睁大双眼，把它的脑袋稍微向身旁歪去，身体不自觉地卧下去，同时尾巴会慢慢地左右摆动。

如果猫做的事情，没有侵害别人的利益，应尽量尊重它的决定，如果猫做什么事情主人都不满意的话，长此以往，猫会变得烦恼、不知所措。

警告与威胁

人有喜怒哀乐，猫也有。猫有属于自己的一套独立思考的方式和能力，它不喜欢被人摆布，也不喜欢被人安排，一旦惹到它之后，它会立即表现出自己的情绪。

猫生气的时候，有很多表现：瞳孔变窄、耳朵向后压、头部向下，这都说明猫有准备进攻的打算了；露出尖锐的牙齿，胡须向上扬，同时发出比较低沉的叫声，这是猫在生气状态下忍无可忍的表现；身体弓起、身上的被毛全部竖立、尾巴向下收起，这是猫在遇到危险时的第一反应，用来警告敌人；尾巴不再竖立，低垂着用力地向左右两边甩动的时候，证明猫正处在愤怒的边缘，随时有攻击的可能性。

遇到猫生气，并且已经把你当做敌人的时候，最好不要有试图接近猫或者抚摸猫的动作，在猫眼中，这种行为无异于公然宣战，主人很容易被划伤或者咬伤。猫生气的时候，不要与猫对视，否则猫会认为你在挑战它，会增加攻击你的可能性。聪明的主人会坐下来或者躺下来，不给猫强烈的压迫感和威胁感，并且会选择给猫一个安静的或者可以隐蔽的空间来让猫冷静下来。

三、猫的其他语言

作为不会说话的动物，许多行为都代表着一定的含义，这需要主人的耐心观察和细心总结，才能破解猫咪行为语言的秘密。

叫个不停

聪明的猫为了与人类交流和传递信息，发展出了独特的语言系统，也就是猫叫。猫会通过叫声来表达自己的想法，而人类也能通过猫叫更好地看透猫的心思。

猫如果一直叫个不停，主人不要因为厌烦这种声音而将猫赶出去，更不要对它使用暴力，因为这很可能是猫在向你求救。当猫生病之后，整个身体会处于一种极度痛苦的状态。对幼小的猫而言，它们承受痛苦的能力远不及成年猫，猫叫是在呼唤母亲来拯救自己的信号。生病发出的叫声比平时会更加深沉，按照痛苦程度的不同，猫叫的声音和频率也是不同的。主人听到猫不停地叫之后，要先检查一下猫身上有没有明显的伤口，如果没有的话，就带它去医院做一个系统检查，确保猫的身体健康。

如果主人刚刚搬家，或者猫是最近才开始饲养的，那么猫在主人身边不停叫的原因就很简单了——它需要你的关注。猫在到达一个崭新的环境之后，会很没有安全感，需要比平常更多的陪伴和关爱。猫一直叫可能是在表达"你快看看我""你什么时候才能陪陪我""我想和你一起玩儿"这类的想法，如果你无动于衷，对猫很冷漠，那么它会不停地吵你、缠着你，直到你陪着它玩耍为止。

猫也有自己的小脾气，猫叫同时也是它表达不满的一种方式。当猫犯错被主人关进笼子里接受惩罚的时候，不绝于耳的猫叫可能在向主人表达"我不想被关进笼子里"的请求，只要你将猫从笼子里放出来，猫就会停止叫了。猫每天的活动范围被主人限制在家里，如果猫想出去看看外面的世界，也会通过猫叫来表达，这时最好不要顺从它，应找个猫感兴趣的玩具陪它玩儿一会儿，分散它的注意力，否则猫养成了出门的习惯，就会越来越不愿意待在家里了。

最后一个猫会不停叫的原因，与它的衣食住行息息相关。感到饥饿的时候，它有时会在猫餐具旁不停地叫，有时也会跟在你的身后不停地叫，只要给它食物，让猫好好地吃一顿饭，叫声自然就停止了。猫在排便的时候，也会有叫的可能，这可能是因为猫砂盆没有清理干净，里面的猫砂大部分都已经凝结了，猫会通过叫声来提醒你。

当然，猫发情时也会不停地叫。

猫会不停叫的原因大致就是这些了，多点耐心了解猫，你会发现看透猫的心思其实并不难。

具有进攻性

每只猫都是独一无二的，其中有性格好的、也有脾气差的，很多家庭在养猫之后发现，猫的性格并没有他们想象中那么温顺。事实上，猫的攻击性并不强，不会无缘无故地对人进攻，但还是有不少人曾经被猫伤害过。

　　两岁以下的小猫或者性格比较活跃的猫，经常会因为游戏而互相发动攻击，成年之后的猫发动攻击的原因就不仅如此了。猫与猫之间通常会玩儿追踪、捕食、追逐等游戏，一只猫躲在角落里，另一只猫依靠气味和眼睛来寻找；两只猫会互相争夺家里各种移动着的物体；甚至在主人投喂零食的时候，两只调皮的猫也会彼此竞争。这些能够锻炼生存技能的游戏，为猫的互相进攻提供了机会。

　　猫是一种自我保护性很强的动物，一般情况下不会变得咄咄逼人，只有在被逼无奈或者忍无可忍的情况下，才会有表现出攻击的可能性。猫害怕的时候，通常会找个安静的地方或者角落，蹲在地板上，两只耳朵向后靠，同时尾巴也收起来，整个身子紧紧缩在一起。这时千万不要靠近或者抚摸它们，否则你将会看到猫拱起背部、爪子张开、尾巴抽搐、全身炸毛并且瞳孔放大或极度缩小，这就是猫要发动攻击的前奏。

　　猫也是领土性动物，它们认为保护自己的领土不受侵害是一种与生俱来的责任。一旦家里出现它不熟悉的其他动物，不论是猫还是狗，它的第一想法一定是家里闯入个来与它争夺领地的入侵者，这时猫就会发动攻击，其主要特征是，一只猫在后面主动追逐另一只宠物，并且不断试图扬起爪子攻击前面的宠物。

如果你的猫性格好斗或者容易紧张，可以经常在家里放一些舒缓的音乐，音乐不仅对人有安抚作用，对猫也有。主人最好经常保持乐观开朗的心情，因为猫的情绪很容易受到主人的影响，猫变得不轻易紧张之后，攻击的行为也会随之减少。若你的猫经过长期饲养之后，还是会经常攻击别的人或者动物，最好考虑带猫去检查一下是否患有心理疾病。

乱撒尿

主人为猫的排泄准备了专用的猫砂盆，有的猫很听话，但有的猫仍然会在家里不分时间地点地乱撒尿，这种行为就非常令人烦恼了。在纠正猫撒尿的问题前，首先我们要知道，猫为什么会乱撒尿。

猫乱撒尿主要有三个原因。第一个是疾病性乱撒尿。顾名思义，就是猫原来还是很正常地在猫砂盆里正常撒尿，但是因为生病的缘故，行为习惯发生了改变。这就需要主人在猫乱撒尿之后观察一下它的尿渍，如果尿渍上出现了粉红色斑点，很明显粉红色斑点就是血迹，应及时将猫送去医院检查，是否是泌尿系统出现了问题。第二个是发情性乱撒尿。猫在发情期会到处乱撒尿，不仅能借此宣示地盘的归属性，还能用气味来吸引异性的猫。针对这个情况的根本解决方法是，尽快安排猫做绝育手术。最后一个是行为性乱撒尿，也就是习惯问题，只要主人愿意多花点时间来引导和改变猫的行为习惯就可以了。

根据猫在家里乱撒尿的地点不同，说明猫的诉求也是不同的。如果猫经常在猫砂盆旁边撒尿，可能是现在使用的猫砂盆让它很不喜欢，也可能是猫砂盆太脏太乱了，猫根本不想在里面上厕所。需要在离原来猫砂盆不远的地方，再准备一个不同的猫砂盆，猫砂盆的颜色、形状和封闭状况最好有些改变。

有的猫经常会放着昂贵的猫砂盆不去，反而跑到纸箱上撒尿，这可能是因为猫更喜欢纸质的猫砂盆。主人可以将一个不用的纸箱做成简易的猫砂盆，在猫砂盆的底部垫一些纸，如果猫愿意在你自己做的纸箱子里上厕所，那就说明猫不喜欢硬塑料材质的猫砂盆。

喜欢在浴缸里撒尿的猫，在它们心里，已经把浴缸当成了自己的猫砂盆。如果主人注意到了这个问题，最好帮它换个更大一点的猫砂盆。想要让猫远离浴缸，首先要在浴缸的底部留10厘米左右的水，讨厌水的猫不会愿意靠近有水的浴缸的。

如果猫喜欢在床上、衣服上撒尿，最好找一个已经不穿的衣服，在衣服上沾一点猫的尿液，然后把它放进猫砂盆里，这样猫会追随者自己的味道，找到猫砂盆的位置。将不穿的衣服放置几天之后，猫就会逐渐熟悉猫砂盆的位置了。

猫砂盆千万不要和猫的餐具摆在一起，使用的猫砂尽量选择细腻和无味的。知道猫乱撒尿的原因之后，想要改正它这个坏毛病，重要的是主人的引导。

搬家时猫的过激反应

搬家，从一个熟悉的环境搬到一个陌生的环境，不论是人还是猫都需要一定的时间来适应，唯一的区别可能是人适应环境的时间比较短吧。对猫来说，陌生的环境会让它紧张和害怕，严重的还会出现各种过激反应。

到了新家之后，胆小的猫咪在走路的时候，可能会像爬行那样，弯着身子低着头，不停地用鼻子嗅来嗅去，这是猫最浅显的过激反应，它可能在寻找一个安全的、可以躲避的场所。这个场所可以是床底下、沙发底下，甚至还可能是柜子与柜子之间的缝隙，狭窄的环境能给猫带来更多的安全感。

胆子比较大的猫也会有反常反应，只不过它们的行为与胆子较小的猫相差甚远，它们不仅不会找地方躲起来，甚至还会主动在新家里"巡视"，不断地熟悉新环境，确认属于自己的新的领地，这并不代表它没有紧张的情绪，只不过没有表现得那么强烈而已。

还有一部分猫的过激反应就没有那么安静和让人省心了，它们会在刚搬到新家的第一天晚上，来回走动、不停地嚷叫，这是另一种表达不安的方式。有的猫搬到新家之后，即便它们知道怎么使用猫砂盆，也会经常在家里随地大小便。猫随地大小便的原因不仅是想在新的地方留下属于自己的气味，还有一部分原因可能是想报复主人随意更换环境。还有的猫为了在新家里留下属于自己的印记，会主动用爪子磨划家具，啃咬桌椅。

如果你的家里养着不止一只猫，那么你将面对的状况可能会比较多，猫与猫之间会为了抢夺家中最有利的地方而大打出手，会因为重新确认谁占主导地位而打架斗殴，虽然这种打架的时间不会太长。

猫最严重的过激反应莫过于，搬到新家之后，长时间不吃饭、不喝水。遇到这种情况不要拖延时间，应尽快送到医院，让经验丰富的医生安抚猫的紧张情绪。黏人的猫可能会一直跟在你身后，无论你走到哪儿它都要跟到哪儿，迫切地想要获得你的关注。

想要避免搬家后过应激反应的发生，那么在搬家前就需要做一定的准备了。在收拾搬家的包裹时，最好把猫放在一个相对比较安静的房间。看不到杂乱无章的屋子，猫就不会那么紧张，搬家时人来人往，也不会担心猫跑丢不见。到了新家之后，不要立刻将猫放进陌生的环境中，最好将其关在猫笼中一段时间，给它一个缓冲的时间，让它不那么害怕。然后将猫平常用过的玩具摆在家里明显的地方，猫从猫笼中出来后，闻到带有自己味道的东西，就不会那么害怕了。不仅如此，主人的关心和陪伴也是必不可少的。搬家后，主人最好留两天的时间在家陪伴猫，这样在猫感到不安的时候，主人就能立刻发现并且给予关注了，不仅能大大增加猫与主人之间的感情，还能帮助猫更好地适应环境。

猫的战争

养猫家庭中主人要做的事有很多，不仅要照顾猫的吃喝拉撒、陪猫玩耍，让它们乐观向上地成长，还有一件很重要的事情，那就是解决家中猫与猫的战争。

猫打架其实是一种很自然的行为，在多猫家庭中，想要永远解决猫与猫之间的争斗行为,几乎是一件不可能的事情。想要化解猫与猫之间的斗争,首先需要知道它们打架的原因,这样才能找到一个有效的解决办法。

新猫刚进入家庭时,与原住猫之间会有必不可少的一场斗争。这是因为原住猫闻到了新猫身上的陌生气味,它们会认为这是家中的入侵者,为了捍卫自己的领地,原住猫会对新猫大打出手。唯一的解决办法,就是让这两只猫尽快熟悉彼此的气味,认可彼此的存在。主人可以先将两只猫隔离一周,然后用一条毛巾分别在这两只猫身上擦一擦,使它们之间的气味尽可能融合。持续一段时间后,它们之间的冲突就会变少了。

嫉妒使猫生气。在多猫家庭中,主人的关注永远是猫争夺的重点,一旦主人对其中一只猫的关注度远胜于另一只猫,那么它们之间的战争就开始了。当新猫进入家庭时,原住猫其实会产生一种危机感和恐惧感,它害怕主人不再喜欢它,希望主人永远属于它自己。只要出现了潜在危机,或者主人一直关注新猫,嫉妒的猫为了捍卫属于自己的东西,就会对新猫大打出手。多猫家庭的主人,对猫的关注一定要合理、平均,千万不要偏心。

当然了,猫与猫之间要争夺的不仅是主人的关注,还有家里属于自己的领地和地位，例如猫平时趴着的沙发、晒太阳的阳台等地。新猫进入家庭后，往往需要建立属于自己的领地，而原住猫则需要保护自己的领地。一争一守之间，是需要武力配合的。为了避免猫因为这个原因打架，主人最好给每只猫分配好属于它们自己的活动区域，这就从根本上减少了战争出现的频率。

猫在打架前也是有预兆的，只要主人看到两只猫气势汹汹地面对面站着，最好立刻将这两只猫转移到不同的地方，不要让它们单独待在一起，等两只猫情绪平缓些的时候，再把它们放出来。这时候主人可以陪它们玩一会儿，将好吃的猫零食分给它们，多表扬和夸赞它们，这样两只猫才会逐渐学会和平共处。

如果两只猫正在打架，主人千万不要去把正在搏斗的两只猫分开，否则很有可能被猫抓伤。最好的做法是发出一些较大的噪声来干扰它们，例如拍手、跺脚、大声咳嗽，如果家里有水枪，也可以用水枪去喷它们。如果主人看到猫打架就立即去打它们或者追它们，这样做不仅会让猫变得更加有攻击性，而且会破坏猫对主人的信任。

NINE

猫的繁育是件大事

　　繁育是动物界永恒的主题。繁育后代听起来是一件充满幸福感的事情，但是当你决定帮助猫繁育幼仔的时候，不仅得付出大量的时间和精力，更需要充分了解猫的品种、被毛颜色和花纹，甚至是否有患有遗传性疾病的可能。

一、猫的繁育生理与习性

猫咪是早熟的动物，母猫通常在6个月左右就经历了第一次发情周期，有时，这种情况可能在4到5个月时就会发生，几乎所有未绝育的母猫在1岁前，都会经历第一次发情期。现在我们就来了解一下猫咪的生殖和绝育知识，以便更好地照顾猫咪。

猫的生殖秘密

一般情况下，任何动物都有繁育后代的能力，只不过在繁育过程中可能需要注意的问题不同。为了保证猫繁殖后代的质量，主人最好知道猫的生殖秘密。

妻多夫制

为了保证猫仔的质量以及考虑到后代能够在越来越复杂的环境里生存，母猫有时拥有很多"丈夫"，这样最起码可以保证，在同一胎里，至少有一两只猫仔是比较优秀的公猫的后代，这几只猫将拥有强壮的身体和良好的体质。

母猫在发情期会通过叫声来吸引周围的公猫，如果同时引来两只或者两只以上的公猫，它们会为了争夺配偶而进行一场殊死搏斗，这时母猫不会劝架也不会离开，反而会待在旁边观察，最后战斗的获胜者才有资格与母猫交配，这也是母猫选择优秀公猫的一种手段。

通常情况下，母猫与公猫交配之后的 12 小时后，甚至在更长的一段时间后，才会逐渐失去交配的兴趣，在这段时间里，母猫会主动去寻找它认为很优秀的公猫来进行交配，发生"一夜情"，这些优秀的公猫可能是一只，也可能是很多只，直到母猫失去性趣之后，才会停止交配。

不宜改变公猫的环境

影响猫性趣的因素有很多，其中之一就是心情。如果为了使猫与猫之间进行交配，就贸然地将公猫带到一个它完全陌生的地方，心情忐忑甚至害怕的公猫应该没有什么"洞房花烛夜"的心思。最好的做法是将母猫带到公猫的领地上，有安全感的公猫才有可能"入洞房"。

帮母猫挑选"丈夫"

为了保证猫仔的质量，有的主人会在母猫发情期之前，选择一些健康且优秀的公猫带进家里，提前"培养感情"，来促进猫的正常交配。选择公猫也是一门大学问，体型健壮、身躯结实、线条流畅、毛色纯正、无遗传疾病的公猫是最好的选择。主人需要注意，在给母猫挑选配偶的时候，最好先选择同类的品种，同时避免选择体型差异较大的公猫。年龄的差异也应该注意，"老年配壮年"生产出来的猫，很容易产生健康问题。

怀孕征兆

想要知道母猫是否怀孕，可以在母猫交配结束两天之后，通过观察母猫的外部特征来判断。当母猫的乳房明显变大，且乳头变为粉红色、排尿频繁的时候，极有可能怀孕了，如果同时还伴随着食量的增加、睡觉时间增多、不愿意运动和玩耍的情况发生，那么恭喜你，它怀孕了。

发情期注意事项

猫与人类一样，也会对爱情产生渴望与期待，想要照顾好你的爱猫,就得了解猫在发情期需要注意的事项。

发情期时间

　　猫不是一年四季都在发情,它的发情期有明显的季节性,多发生在秋初和冬季末,因为冬末临近"春节",所以我们把猫发情也叫做"猫叫春"。猫发情的周期在 2~3 周左右,发情时间平均6~10天。每只猫1年发情3~4回,一生可以发情4~25次左右,如果母猫交配后仍然没有受孕,那么它一年内的发情期将延长到 6 周左右。

选择交配时间

　　不是只要猫发情了,就必须让它交配。母猫第一次发情的时候,只能代表它生理特征成熟了,并不能说明适合参与交配。如果主人没有这个概念,贸然让母猫参与交配,这不仅会给母猫的身体带来创伤,产下的猫仔应该也不会太健康。给猫选择配偶的时间,最好在母猫第二次发情的时候,这时母猫身体上做好了准备,对它本身的健康和未来猫仔都不会有负面影响。

给猫洗澡

　　洗澡的目的是帮助猫清洁污垢,保持身体干净。猫厌恶水,在日常情况下,给猫洗澡本来就是一件困难的事情,发情期洗澡无异于与虎谋皮。母猫处在发情期时，不仅性格会发生很大变化，就连攻击力也会变得更强，如果这时强行帮猫洗澡，主人被划伤的概率会高达百分之九十九。因此，发情期最好不要帮猫洗澡。

饮食

发情期猫的饮食需要格外注意，过热或者过冷的食物最好不要喂给它，带有刺激性的食物也不能喂给它吃，例如洋葱、生肉、甜食和骨头等。洋葱会破坏猫体内的红细胞；生肉中可能带有寄生虫；甜食不仅会让猫长胖，还会使猫产生蛀牙；锋利的骨头会划伤猫的口腔黏膜，严重的还会导致胃出血等。

发情季来临的时候，主人可以逐渐减少猫平时的食量，使它时刻保持一个半饱的状态，发情期结束后再将食量调整回来。"暖饱思淫欲"不仅在人身上适用，在猫身上也同样适用，猫吃饱喝足没事情干的时候，就有可能花费大量的精力来寻找配偶和嚎叫。主人在减少喂食的时候，应尽量多陪它玩耍，精疲力竭之后的猫可能对发情减少一些兴趣。

值得注意的是，主人在减少喂食的时候，要控制好量，如果猫吃太少的话，体重可能急速下降，免疫力也会随之减弱，增加了细菌侵袭和疾病产生的可能。

绝育注意事项

如果主人并不打算让宠物繁殖，那么绝育是一种普遍的选择。对猫来说，绝育可以增加猫的寿命，减少传染性疾病的发生，绝育后的猫就连性格都会变得相当温和。

绝育的时间

通常来说，猫在发情期前绝育是最佳时间。不论公猫还是母猫，它们的发情期都在 6~8 个月左右猫龄开始，那么绝育的最佳时间就是猫半岁左右。如果你的猫已经发情了，那么千万不要在发情期带它去做绝育手术，因为发情期猫的性器官都处于充血状态，做手术很容易造成大出血，对猫的生命造成威胁。主人可以耐心等到发情期结束的半个月之后，再带猫去做绝育。

禁食禁水

在绝育手术前的 8 ~ 12 个小时前，禁食不禁水，手术前的 4 个小时，禁水。这是因为在手术过程中会打麻药，猫在麻醉之后很容易发生无意识呕吐的情况，这时候呕吐的秽物很容易堵塞猫的咽喉和鼻腔，造成窒息死亡。禁食后这种情况就不会发生，而且禁食还容易促进猫手术后的营养吸收，饥饿状态下的猫很容易恢复食欲。

称重

猫的体重是手术中兽医注射麻药量的依据，如果麻药注射过量，猫昏睡的时间过长，很容易伤害猫的脑神经，严重的甚至会造成死亡。在出发去医院前，最好查看一下猫的体重。称重的方法，可以先将猫放在一个容器里，再把容器放到秤上，称量值减去容器重量就可以得到猫的体重了。注意，指针静止不动的时候，读取的数值才是最准确的。另外，一定要选择较为精确的秤，数据越精确，对猫来说就越好。

洗澡

为了防止伤口发炎和感染，猫在手术后最少一个月不能洗澡，为了保持猫的洁净状态，绝育手术的前两天，可以给猫洗个澡。洗澡一定要用温水、时间最好尽可能短一些，洗完澡之后迅速擦干，避免猫因为着凉而感冒。

准备工具

在手术前就应该把猫手术后需要的东西都准备齐，以免术后慌乱得不知所措。手术后猫御寒能力会下降，为它准备一个干净的小被子、小褥子或者热水袋，可以让猫保暖的同时，还能舒服地躺着。手术中，猫在麻醉之后，眼睛是不能闭合的，眼珠长时间暴露在空气中，很容易造成水分流失，这时一瓶猫专用的眼药水就派上用场了。

为了避免猫舔到伤口，医生会建议你使用"伊丽莎白圈"。这是一种专为宠物制作的戴在颈子上的保护套，看起来像反过来的灯罩，但可以有效避免猫在手术后抓咬到伤口。

在安静的地方，还要为猫准备一个大小适中的笼子或者有顶的猫窝。笼子上最好盖一个可以遮光的毯子，因为猫在害怕或者不舒服的时候，喜欢躲在黑暗的角落，遮光的笼子正好可以解决这一问题。

绝育后的注意事项

手术后猫的身体会变得虚弱，情绪也会比较沮丧，这时候主人在衣食住行上要做的各项工作不仅烦琐，而且对猫之后的生活影响也很大。

饮食

猫在手术后的 6 小时之内，不能进食也不能喝水，6 小时之后可以开始逐渐给猫补充一些流食，例如鱼汤和糖水等，干净的清水一定要及时补充。等猫有食欲之后，再适量给它喂食，手术后猫食欲不振是很正常的事情，不能强迫猫吃饭。

手术后，建议先喂食一些医院卖的专用罐头，因为这些罐头的成分中有防止术后感染的抗生素，还有的罐头中含有能刺激猫食欲的成分，相对来说术后罐头不仅安全，还有功效。手术后喂养两天医院罐头，就可以开始逐渐换成普通的猫粮了。

如果手术后的喂食达不到营养均衡的效果，很容易导致猫腹泻和便秘。排泄的时候，猫难免会用力，用力的时候就很容易使体内的手术线脱落，引起感染。

术后护理

手术后大概 3~5 个小时，猫就会醒过来，从苏醒到伤口愈合这段时间里，主人一定要严密看护。麻药没有完全消散的时候，会影响猫的正常行动，磕磕碰碰和奔跑跳跃都是很可能发生的情况，剧烈的动作可能会使体内手术线脱落。

带手术后的猫回家后，最好先喂猫一些消炎药，并且准备一些止疼药，喂药的量要根据说明书或者兽医的嘱咐，不可随心所欲地喂食。主人还要记得每天用碘酒给猫消毒，擦拭伤口。虽然猫会疼得浑身发抖，也千万不要心软，否则感染之后猫要遭受更大程度的痛苦。

关于拆线

手术后猫恢复的时间大约需要一周，根据猫体质的不同，伤口愈合的时间长短也不同。公猫术后两天基本可以恢复正常，且不存在拆线的问题，母猫在术后7天左右就可以拆线了，主人在没有把握和经验的时候，千万不要自行拆线，要相信专业的兽医会比你做得更好。

不要强迫猫住猫窝

如果猫不愿意待在猫笼中，反而躲在家里不知名的角落里，不要强迫性地把它塞进猫笼，以免伤口开裂感染，尽可能让它停留在想待的地方。如果猫能接受猫笼，那就在猫笼上盖一层遮光的毯子，放在安静且光线充足的地方，不过一定要避免阳光直接照射在猫的身上，猫笼也不要盖得严严实实，最好留一些通气的缝隙让猫能时刻接触到新鲜的空气。

二、怀孕和分娩

猫在配种成功后，怀孕症状很快就会出现，兽医可能会提醒猫在每阶段可能会出现的情况。孕前照顾固然重要，分娩后的照料也不可缺少。

如何照顾孕育的猫

猫怀孕的时间大概是两个月，准确的时间应该是 63~68 天。照顾怀孕的猫与平时不同，不仅要关注它的衣食住行，更要注意母猫的心理状况，既要保证母猫摄入的营养均衡，主人更要多抽出时间来陪它玩耍和运动，以避免因肥胖问题而导致难产。

喂食

众所周知，怀孕的猫需要更多的热量和蛋白质来保证体内胎儿的健康成长，但在刚怀孕的 2 周及之前的时间里，不需要改变猫粮的质量和进食的频率，按照正常情况喂养就可以了。

猫粮的改变应该从母猫怀孕后的第 3 周开始，并且喂养猫粮的量要随着母猫怀孕时间的增加而增加。最明显的变化就是，怀孕中后期的猫，应该比怀孕前的猫多吃一倍的量。在给猫选择高质量、高品质口粮的同时，还需要做到营养均衡，可以在干粮中加入一些奶制品和熟肉食品。

在喂养时，主人不应该为了保证母猫能摄取足够的营养而选择不停投喂，过多的营养不仅会使体内猫仔的体型庞大，加大生产的难度，还增加了母猫肥胖的可能，影响身体健康。

生产地点

猫在生产前，会主动寻找适合的地点，可能是柜子里、箱子里、还有可能在床底下，虽然这些不知名的角落都在家里，但仍然有灰尘和细菌，一不留神很容易感染。

主人在母猫生产前，最好帮它找到一个干净又舒适的地方，纸箱是个不错的选择。在猫生产一周前，将母猫放进纸箱里，可以提前让其熟悉生产环境。如果你没有及时帮它们找生产地点，那么你就要做好准备了，衣柜里、床上、沙发上都有可能是它们的临时产房。

选择的纸箱最好带个盖子，这样能够方便主人照应猫仔。在箱子侧面离地 10 厘米的地方开个口，这样可以防止淘气的猫仔掉出来。纸箱子的底部最好放一个防潮垫或者干净的毛巾，不仅可以吸收猫在生产过程中产生的血和其他液体，还能抵御地底下的潮气。

产前反应

一般情况下，猫在生产的 1～2 天前，可能食欲不振，没有想吃东西的欲望，甚至还会呕吐。越接近猫生产的时间，母猫就会越来越频繁地去舔舐生殖器官和腹部。

如何照顾分娩后的猫

在经历一番辛苦后，猫和人都在等待新生命的诞生。当这一天来临，看到亲手养大的猫咪升级为"猫妈"时，我们应该如何以及在哪些方面帮助猫妈妈呢？

产仔

　　猫在怀孕约两个月之后就会产下猫仔，生产的时间通常在 3～12 个小时之间，每只猫出生的时间不超过 1 个小时。如果生产时间超过 24 小时，很可能遇到了难产，这时候主人应该立即将其用毛毯包裹送至医院，寻求帮助。

　　每只小猫在出生的时候，都带有胎衣，胎衣也叫胎膜，母猫在产下猫仔后，会立即用自己的牙齿和舌头将其剥开，咬断脐带，并将猫仔们一一舔舐干净。有的母猫在生产过程中可能因为过于紧张而忘记这一步骤，主人看到就应该立即将胎衣弄破，使猫仔能够自由呼吸。剪掉猫仔身上过长的脐带，剪的时候要注意长度是否适中，太短的脐带很容易造成感染，在猫仔肚脐前 3 厘米的位置剪断最佳。

喂食

　　一般情况下，母猫会在产仔后的 24 小时之内摄取营养，主人在投喂时，不仅要注意给它补充营养，更重要的是喂食的量也需要增加。在猫粮中可添加一些牛肉、鸡肉和鸡蛋这些高蛋白食物，干净充足的水也必不可少，温羊奶或者宠物专用的奶也可以帮助母猫补充营养。

清洁

分娩后母猫的身上可能沾染了血水或者是其他污垢，主人可以用一个浸过温水的干净毛巾擦拭猫的身体，或者用梳子梳理猫的被毛，注意不可以带猫去洗澡，不要让猫感冒着凉。

检查

因为刚出生的猫仔有的肺部有羊水，还不会呼吸，主人可以将猫仔拿在手上，使它头部向外，完成圆圈转动，使肺部羊水流出；计算猫胎盘的数量，胎盘数和小猫数一样多才是正常的；观察母猫是否愿意喂养猫仔，如果不愿意，尽快咨询医生寻找解决办法。

TEN
关注猫的健康问题

　　作为猫的主人，不仅需要从方方面面照顾好猫的衣食住行，更重要的是要关注猫的健康问题。不但有必要了解一些猫可能会患上的疾病常识，还要知道当猫生病了，主人该做些什么。

很多猫主人在发现猫生病之后，慌乱得六神无主，唯一的想法就是去宠物医院寻求医生的帮助，其实很多疾病从一开始就是完全可以避免的，但因为主人对猫的保健知识不了解，错过了最佳时机。

猫的"病"兆

生病的猫不善于表达自己，可能只会静静地待在角落，粗心大意的主人可能并不会过多关注猫的状态，如果猫看上去很难受的话，那说明情况已经很严重了。主人最好多花一些时间来关注和了解猫，一旦发现异常情况，就马上咨询医生或者去医院治疗。

猫生病也是有预兆和前奏的，主人可以从猫的五官、体重、食量甚至状态，来判断猫是否生病。

猫的五官是最明显的判断标准之一。正常情况下，猫的眼睛和人类一样，眼角都附着一些分泌物，主人在帮猫清洁分泌物的时候，就可以近距离观察猫的眼睛了。用湿润的纸巾或者卸妆棉帮猫将分泌物擦拭下来，猫的眼睛里有眼泪、眼眶变红、分泌物上有颜色，很显然这就是猫眼睛患上炎症的表现。

猫鼻子和眼睛一样，都会产生分泌物，这属于正常情况，只需要用湿纸巾轻轻擦拭干净就可以了，主人要观察的是猫是否会经常流鼻涕。猫经常流鼻涕的原因可能有两种，一种是过敏，另一种是感冒，这两种疾病一般主人会认为不严重，但时间久了，容易危害猫的生命。如果不及时带猫去医院就诊，过敏性鼻炎很可能会恶化成慢性鼻炎；感冒后长期不治疗会引发心肌炎等较严重的疾病，甚者会危及生命。另外感冒的症状与猫鼻支的前期症状很相似，粗心的主人很可能会将这两种病相混淆，如若不及时分辨和治疗，很可能会错过最佳的治疗时期。

猫嘴里的唾液不仅有杀菌的作用，还能够更好地将食物融合在一起，使得食物能够更容易地进入肠道，一般情况下，猫嘴里的唾液是不会轻易流出嘴外的。如果猫经常流口水的话，说明猫可能患上了嘴部疾病，很可能是口腔溃疡。口腔溃疡对人类来说，是一种不值得一提的小病，但对猫来说，破坏性极大。唾液外流会使猫不能正常吞咽食物，不仅会影响猫的食欲和精神状态，严重的甚至会导致猫体内器官的衰竭。

猫其实也会咳嗽和打喷嚏，出现这些现象的原因，很可能是因为空气中细菌和病毒顺着猫的口鼻腔刺激到了气管，如果主人视而不见或者处理不及时的话，很可能会引起炎症。

排泄的情况也能反映猫的身体状况，如果排出尿液的量和平时不同、猫砂的结块数量与以往不同、尿液的颜色发生了变化、尿液中掺杂着血丝、排泄的姿势发生一定改变、排泄的时候伴随着痛苦的叫声，这些情况的出现都是猫生病的预兆。

不同寻常行为的出现也是猫生病的前兆。平常喜欢主人的抚摸和靠近，现在主人主动靠近它时就会躲得远远的，甚至厌恶主人的抚摸与亲近，看到有趣的玩具也不愿意玩弄；光亮的被毛变得黯淡，每天勤勤恳恳打理被毛的它却不愿意再舔舐毛发，即使不出门身上也伴随着恶臭和不知道哪里来的污垢；走路的时候不再轻便矫捷，反而拖着一只腿，颤颤悠悠地向前走。原本 17 个小时左右的睡眠时间大大缩减，醒着的时间比睡着的时间还要长，会趴在一个地方安静地发呆；平日里最喜欢的零食和罐头也吸引不了猫的注意，饮水量和进食量在不断减少，看见食物只是懒洋洋地趴着不动等。

这些都是猫的"病"兆，主人如果想让猫少生病或者不生病，最好在出现预兆时及时处理。当然，这对主人观察力的敏锐程度是一种考验。

认识宠物医院

顾名思义，宠物医院就是专门为宠物，例如猫和狗，提供医疗服务的医院。人生病了需要去医院看医生，那么宠物生病了同样需要求助拥有专业知识的兽医。

宠物医院、宠物诊所和宠物店

在认识宠物医院前，首先需要将宠物医院、宠物诊所和宠物店三者区分开来，否则在猫生病的时候，再去了解和区分，时间上就有些来不及了，还有可能耽误和影响猫的治疗。

从法规上区分，在我国《动物诊疗机构管理办法》中有明确条例指出，只有宠物医院或者宠物诊所有资格为宠物开展诊疗服务，其他机构的治疗行为都属于非法行医。这就将宠物医院、诊所与宠物店做了一个明确划分，宠物店的治疗行为严格来说是不合法的，在宠物店给猫看病不仅没有任何保障，如果遇到黑心商家，很可能猫的生命都会受到威胁。

从注册资格上来看，国家对正规宠物医院有着具体的开设要求，宠物医院最少要有 3 个获得宠物医生资格证的医生和上百万的检查仪器和手术设备才能开设；宠物诊所只需要有 1 个获得宠物医生资格证的医生加入，且有 10 万左右的人民币投资就可以开设了；宠物店属于盈利性商店，只需要活动资金就可以轻松开张了，国家对于治疗水平和医疗设施都没有具体的硬性规定。

宠物店的就诊价格比宠物医院的便宜很多，但选择便宜的同时，也为猫选择了危险。如果猫生病了，应第一时间带它去正规医院检查。

如何选择宠物医院

最好在猫还没有生病的时候，选择一家专业、整洁、干净和靠谱的医院，未雨绸缪不是一件坏事，还可以避免在猫患上急性病时手足无措。了解考察宠物医院，首先应从家的四周选择一家距离最近的医院开始，然后逐渐向外扩散，毕竟对于突发疾病，时间代表生命，越近的地方就能越快被治疗。

在挑选宠物医院前，先在互联网上搜索一下，通常专业的宠物医院会发表一些较为专业的文章，供养猫的主人阅读。在一些软件上会有对宠物医院的评分和评价，认真阅读网友们提出的意见，不靠谱的医院会获得网友们的一致恶评。

进入宠物医院的时候，首先要观察医院的环境是否卫生、清洁是否到位，如果这家医院非常注重日常的消毒，那么屋内消毒剂的味道应该比较浓重，屋内各项物品的摆放也应该井然有序。

正规的宠物医院都是明码标价的，且在咨询台或者前台等醒目位置会写出收费明细，如果有讨价还价的余地，那这家医院可能并不正规。

观察医院内的工作人员，通常情况下，所有的工作人员都必须身穿制服。前台除了接待人员之外，最少还应该有一个工作人员随时待命，以防出现重大病情，可以在第一时间做出治疗反应。

宠物医院应该有明确的工作区域上的划分，例如诊疗室、输液室、美容室等。美容室是专门为宠物修剪被毛、趾甲，清洁耳部卫生和洗澡的地方；输液室是可以让宠物安心输液的地方，里面的气温通常是恒定的，环境是安静和舒适的，还会配置一部专业的心电监护仪器；诊疗室就是医生诊断宠物病情，并且给主人提供专业和规范建议的地方。

如果宠物医院还售卖宠物，观察小动物的生活环境也可以看出医院是否正规。如果将几只宠物放入同一只笼子里，那么这很可能是一家黑心医院，正常情况下应该将每只宠物都隔离开来，如果这些宠物都隔离开且放在恒温箱里，那环境是最好的。

宠物医院里应该还有专门的房间可以寄养宠物，工作者会定时带宠物去遛弯散步，防止宠物过于寂寞，寄养的环境也应该是干净、整洁的。

最好的做法是在你确定养宠物开始，就和一位值得信赖的宠物医生保持联系，这样可以做到既放心又安心。挑选宠物医院的时候，千万不要为便宜的价格而动心，你的每一个选择都关乎着一条脆弱的生命。

给猫体检做哪些项目？

猫应该每年都去宠物医院做一个全身的检查，猫与猫对比做的检查是不一样的，不同年龄的猫检查的频率和项目也各不相同，甚至不同品种的猫需要体检的项目也不同。

幼猫

0~1岁的猫，我们称为幼猫。这时候猫还没有发育完全，年幼又脆弱。从它的身体素质上来看，可能适应不了全面的体检，其中需要抽血的项目会让原本就脆弱的猫更加弱，它们反而更适合对各部位做针对性检查。这个阶段的幼猫会有很多次需要进医院检查的需求。

刚出生的幼猫很容易感染猫瘟和其他各种病毒，它们需要做基本体况检测、寄生虫检测、血常规检测、传染病检测和疫苗抗性检测，其中应着重注意寄生虫检测、传染病检测和疫苗抗性检测。

青年猫

我们将1~5岁的猫称为青年猫，这个阶段猫已经发育成熟，如果没有什么特殊的需求，一年一次的体检就足够了。如果猫没有疾病反应，做一些基本的常规检查就可以了，反而不需要全面检查。

新加入家庭的成年猫，最好做这些检查：基本体况检测、传染病检测、寄生虫检测、疫苗抗性检测、血常规检测、X 线片检测和生化检测，可以让主人更全面地了解猫的身体状况，增加彼此的熟悉度。

中老年猫

5 岁以上的猫身体各机能开始逐渐下降，是体检中心最常出现的群体，最好每年做一次全身检查。

如果猫的年龄超过 10 岁，一年一次的频率是远远不够的，为了确保猫的健康，建议半年一次体检。因为有的老年猫，半年前的全身体检是没有任何问题的，但半年之后很可能会因为心脏或者血压的不稳定而发生猝死或者瘫痪的情况。这些问题都是无法避免，但却很可能会发生，为了规避这些风险，半年一次的体检是非常有必要的。

中老年猫的体检重点会从传染病检测转移到器官功能的检测和新陈代谢方面的检测，只要中老年猫按时驱虫、打疫苗针，那么患上传染病和寄生虫病的概率会大大减少，这方面的检查反而不需要和青年猫一样多。

中老年猫不仅需要做常规体况检测、血常规检测、生化检测，还需要 X 线片检测、血压检测、血气检测、心电图检测、心脏彩超检测和腹部 B 超检测等，在做好这些检查之后，还要观察猫的关节是否正常。

特殊品种的猫

有些特殊品种的猫，可能存在遗传性疾病，这些疾病虽然不会很明显地表现在猫的外表和四肢上，但也不能忽略其存在，这些品种的猫比其他品种的猫需要做更多的身体检查，来尽早发现和治疗这些疾病。

折耳猫最好从小就检查一下骨骼问题和生长状况，成年后还需要着重检查是否有遗传病，各方面检查要尽可能全面；还有的品种有患上遗传性心脏病的风险，针对这种猫，心脏类的检查频率就应该多一些。

我们为什么要给猫打疫苗？

很多猫主人看着猫生病时忍受着巨大的痛苦，也会感同身受，为了尽量减少疾病的发生，大部分猫主人会选择防患于未然，在猫还没有生病的时候就做些预防，给猫多一层健康保障。

疫苗的主要作用是预防传染性疾病，例如狂犬病和猫瘟等疾病。给猫打疫苗之后，不仅猫的免疫系统会识别到这个病毒，而且猫还会通过自己的身体产生抗体，一旦感染了这种传染性疾病，猫体内的抗体就会持续对抗病毒，从而减轻患病症状，甚至会减少患病的概率。

有的猫主人觉得自己家的猫不出门，不会接触外面的世界，打疫苗不仅是在浪费金钱和时间，而且是没有必要的。这种想法是错误的，因为有些传染性疾病可以依靠空气传播。在外工作了一天的猫主人回家时，无意中可能会将病毒和细菌也携带回去，这时候人就充当了细菌病毒传播的媒介，将危险带到了猫的身边，所以不论是不出门的猫，还是经常外出的猫，都应该接种疫苗来预防疾病。

猫接种疫苗的年龄必须超过2个月，且在接种疫苗之前最好做一个全身的健康检查，以确保接种疫苗前，身体处于健康状态。不健康的猫和新接到家里的猫不适合接种疫苗，因为陌生的环境会使新到家的猫感到恐惧和惊慌，如果接种疫苗很容易加重这种恐慌的情绪，从而引发疾病。猫生病时，免疫力会下降，很容易感染其他细菌和病毒，而疫苗本身就会引发猫的抗毒反应，如果强行接种到猫的身上，会对猫的健康不利。

猫接种之后，最好在医院观察半个小时左右，如果猫没有产生过敏反应或者没有其他异常情况再离开医院。猫在接种疫苗后 7 天左右的时间里，不适合做剧烈运动，这时猫主人应该有意识地减少猫玩耍的频率，不要过多地逗猫玩耍。猫在接种疫苗后 10 天左右的时间里，最好不要给猫洗澡，因为抗体产生需要一周左右的时间，在此之前的猫抵抗力和免疫力都比较弱，一旦感冒，对猫来说是致命的打击。

接种疫苗后的猫会出现发烧、嗜睡、精神不佳和食欲下降的情况，并且这种情况会持续 3 天左右，这都属于正常反应，猫主人不必过于惊慌。如果猫在此症状上还出现了呕吐、腹泻和呼吸困难的情况，应立即就医，寻找专业医生的帮助，切忌自行给猫喂药。

很多人对疫苗存在误解，认为只要接种了疫苗就一定能抵抗细菌、病毒，猫就一定不会生病，实际上疫苗并不能 100% 阻隔所有细菌和病毒，只能让猫对指定疾病产生比较强的免疫力。猫在接种后的一段时间里，免疫力处于下降状态，这时候比较容易感染疾病，但绝大多数的猫在接种后都不会患病。

二、猫的遗传性疾病、常见病和治疗方法

随着季节的变化、环境的改变、饮食习惯的适应和遗传问题的出现，你会发现，不论你怎样认真仔细地呵护猫，猫的身体总会出现这样那样的一些小问题。猫和人一样，不可能永远不生病，那么主人就需要将猫可能会患上的常见疾病以及如何治疗了解清楚。

猫的遗传性疾病

遗传性疾病通常是因为在相对较小的种群内部繁育而导致的，有些幼猫出生时就具有某种遗传性疾病，而有些猫只是携带者，携带有遗传基因，但终生并未发病。如果与同样有缺陷基因的携带者交配,可能生下有遗传病的幼猫。所以繁育者应避免使患有或携带有遗传病基因的猫繁育,可以将患病猫进行阉割。

大多数遗传性疾病无法治愈,但是细心的护理能使症状减轻,使猫享受高质量的生活。有些遗传性疾病可以通过基因筛查来看猫是否携带缺陷基因。

如肥大型心肌病的症状为心肌增厚,此病通常导致心衰,可以通过基因筛查进行鉴别,只能用药物减轻病情,并不能治愈,容易患此病的猫种是缅因库恩猫和布偶猫。

再如多囊性肾病的症状为肾脏中生成许多液体包囊,最终可导致肾衰,可以通过基因筛查进行确诊,此病没有治愈方法,只能使用药物减轻肾脏负担,容易患此病的猫为波斯猫、异国短毛猫和英国短毛猫。

如糖原病的症状表现为无法正常代谢葡萄糖,可导致严重的肌肉萎缩,继而心衰,可以通过基因筛查措施进行筛查,此病无治疗措施,猫患病后需要短期输液治疗,容易患此病的猫品种有挪威森林猫。

肥胖

不论什么品种的猫，都会遇到肥胖问题。人肥胖会影响健康，猫肥胖同样会造成身体的不适。只要猫皮下的脂肪变多，身体的抵抗力就会下降，这种情况下，很容易患上一些皮肤病、心脏病和其他器官上的疾病，严重的甚至可能会造成器官衰竭，影响器官功能的正常运作。

判断猫是否肥胖的方法有三种，第一种是观察猫蹲坐的姿势，通常情况下，猫蹲坐的时候，前肢可以并拢，如果你的猫前肢并不能并拢的话，说明它太胖了。第二种是主人用手轻轻按压猫身体的两侧，如果很容易就能摸到肋骨，证明猫还不是太胖，体型较为标准，如果摸到肋骨需要用力按压猫的身体，这就说明猫过于肥胖。第三种方法是最简单的，也是最直观的，那就是用眼睛看，当你俯视猫的时候，如果它的身体线条不流畅，腹部的两侧向外鼓，这是在告诉主人，它长胖了。

想要避免猫患上肥胖病，或者想改善肥胖病，主人应该考虑让猫减肥，以此来确保猫的身体健康。减肥的方法要注意两点，一点是管住嘴，另一点就是迈开腿。一定要选择科学的方法来帮助猫减肥，否则不仅猫会产生心理阴影，而且猫的健康还会受到损害。

在饮食方面，要逐渐缩减猫的饭量，使猫已经撑大的胃慢慢缩小，一只正常的、没有疾病的成年猫的口粮每天是 50 克左右，将猫的口粮缩减至正常水平即可。控制猫进食的频率和数量，肉食和零食应尽量减少，采用少食多餐的方法，有计划地帮猫节食。多准备两只猫碗，将它们分别放在家里的不同位置，例如桌上、柜子上、沙发旁等地，投喂的时候在每个猫碗中都放一些猫粮，这样猫在寻找食物的时候，可以多走动和跳动。当然了，如果猫主人有足够的经济实力，可以给肥胖的猫喂减肥猫粮，因为减肥猫粮中不仅含有较多的植物纤维，还有少量的脂肪，在猫能吃饱的前提下，还能有效控制猫摄入的热量。

一定要监督猫做持续不断的运动，否则只控制食量不运动，是很难达到减肥目的的。主人可以抽出时间，专门陪猫玩耍，引诱它一直不停地奔跑和跳跃，也可以每天带它出门散步。最重要的是每周都要记录猫的体重，以便能够制订更适合猫的减肥计划。

感冒

感冒是一种非常普遍的疾病，气候不稳定时、换季时或者家里忽冷忽热时，都有可能使猫感冒。虽然在我们眼中，感冒是一种不值得大惊小怪的小病，但对猫如果不及时治疗，很容易感染支气管肺炎，对生命造成威胁。

当猫打喷嚏、流鼻涕、咳嗽、发烧、食欲不振且口、眼、鼻上有污垢的时候，很可能是猫感冒了。通常情况下，猫的感冒会持续一周到十天左右，即便治疗之后感冒的症状消失了，主人也不可掉以轻心，如果不密切观察，很容易使得感冒复发。

猫感冒后会有脱水症状，一定要增加它的进水量，确保猫能吸收充足的水分，如果猫不愿意喝水，可以在水里加一些带有金枪鱼味道的汤汁来吸引它的注意。食物的补充也很重要，虽然猫会食欲不振，但主人还是要想办法调节猫的食欲，增加它进食的数量。主人可以将罐头和水掺杂在一起，然后将其稍微加热，使得腥味扩散，猫闻到了喜欢的腥味可能会变得有食欲。感冒是呼吸道疾病，最好能让猫呼吸到新鲜干净的空气，如果猫主人有抽烟的习惯，应该做到不在猫的周围抽烟，以免刺激猫的呼吸道。感冒时猫的鼻子会干燥发热，可以在家里放一个加湿器。

粗心的主人会在猫感冒的时候，给它喂一些人类吃的感冒药，主人的初衷是好的，但对猫来说无疑是另一场巨大的灾难。因为人类的药物，可能猫的器官不仅没有办法消化和处理，还会损害其肝脏和肾脏的健康。猫主人应该和兽医交谈后，根据兽医的意见，采取科学的方法来帮猫抵抗疾病。

泛白细胞减少症

猫如果被细小病毒感染了，血液中的白细胞就会非常快地减少，这也是泛白细胞减少症名称的由来。通俗来讲，泛白细胞减少症也叫猫瘟或者传染性肠炎，不仅是一种非常厉害的传染病，还是一种猫与猫之间急性、发热性和高度接触性的流行病。

泛白细胞减少症（猫瘟）是除了感冒之外，最常见的猫类疾病。对于患上了泛白细胞减少症的猫来说，猫主人应该做好最坏打算，不仅治疗这种疾病的费用很高，而且患上泛白细胞减少症猫的存活率也非常低。1岁以下的幼猫，不仅感染率高达百分之七十左右，感染后的死亡率也高达百分之六十左右。

泛白细胞减少症的潜伏期一般为2~6天左右，猫感染之后，会出现食欲不振、精神不佳、呕吐和发热等症状，主人很可能会认为这是普通感冒而忽视它。泛白细胞减少症多发于冬季至春季，尤其3月份发病率最高，患病原因主要是饲养条件的改变、长途运输、不同品种的猫狗混养和脏乱差的不良环境。

现在还没有确实有效的治疗方案，治疗很困难，只能通过前期的预防来避免疾病。一定要给猫注射疫苗，疫苗是预防疾病最科学有效的方法。日常情况下，一定要将猫舍和周围的环境打扫干净。猫死亡之后，尸体应尽快焚烧或者深埋，对猫使用后的物品，例如食物用具、猫砂盆和猫舍都要做一个彻底清洁，切断传播途径，避免其他猫接触后感染疾病。

心丝虫病

顾名思义，心丝虫病就是心脏里有寄生的丝状虫子，通常寄生在猫体内的心丝虫的数量不多，可在心脏存活 2 年左右。人们对这种疾病了解的并不多，心丝虫比跳蚤、蜱虫和弓形虫对猫的伤害更大。原本猫的心脏就很小，血管也很细，心丝虫会阻碍心脏的血液循环，从而损害肝脏和心肺的正常功能，还会造成呼吸衰竭和休克，严重的还能造成急性猝死。

日常生活中猫很容易就会感染心丝虫病，因为心丝虫是依靠蚊虫传播而感染的，蚊虫叮咬猫后，心丝虫的幼虫会通过血液向猫的心脏方向移动，只需要大约四个月的时间，心丝虫的幼虫就会发育成成虫并且成功寄生在心脏动脉的地方。虽然猫有一定的抵抗力，但无论在户内还是户外，都仍然躲避不了感染的可能。

感染心丝虫病后，起初症状并不明显，一段时间之后，才会出现呼吸困难、无精打采、咳血、厌食和呕吐的症状，还有可能出现外表看上去很健康的猫，突然毫无征兆猝死的情况。猫的忍耐性很强，当出现明显的感染症状时，通常情况下猫的身体已经受到了极大的伤害。

目前专家还没有研制出任何相关药物来用于治疗心丝虫病，没有完全治愈的方法，就连预防都是一件不容易的事情，一旦猫确诊患上了心丝虫病，猫主人应该做好出现最坏情况的心理准备。

常见的治疗心丝虫病的方法就是服用药物和短期内大量注射皮质类固醇。主人能做的预防措施就是及时清理家中的污水、室内室外防止猫被蚊虫叮咬并且将自己家的猫与已经感染疾病的动物隔离，其中最重要的就是做好防蚊工作，才有可能让猫尽量避免患上心丝虫病。

慢性口腔炎

慢性口腔炎指的是猫的口腔黏膜上、牙龈上或者舌头等部位出现了炎症，嘴里的唾液有抗菌和清洁的作用，通常一般的口腔炎会通过唾液的作用自然愈合，但慢性口腔炎不一样。患上慢性口腔炎的原因有很多，可能是受到了药物和毒物的刺激、体内维生素缺乏、牙龈炎引发的真菌感染等。

当猫患上口腔炎时，猫的嘴部和下巴周围会有明显的痛感，咀嚼和吞咽食物就显得尤为困难，引起食欲不振，吸收不了食物中的营养物质，进而会造成体质衰弱。猫的慢性口腔炎和心丝虫病、泛白细胞减少症一样，都不能治愈，不仅因为治疗所需要花费的费用很高，更重要的是这种疾病无法根治，只能通过长期不断的治疗和服用药物来控制病情。

当猫的嘴里长出恒齿之后，主人就要有意识地帮它刷牙，保持其牙齿健康，如果猫对牙刷抗拒和反感，那就最好给它选择一款能吃的牙膏。在喂养猫的时候，尽量少选择湿粮，因为干粮有预防牙垢的作用。主人最好经常检查一下猫的口腔，当发现它的牙齿上经常会出现明显的污垢和牙菌斑时，最好带它去医院检查一下。

霉菌性皮炎

皮炎是一种发生在皮肤上的疾病，你很难判断全身毛茸茸的猫是否患有皮炎。如果猫开始大片脱毛、出现鳞屑、全身红肿的话，一定是患上了皮炎。一旦发现，应立即就医，毕竟越早就医，病情就能越早得到控制，猫也会减少喝药、输液的痛苦。

患上霉菌性皮炎的主要原因通常是猫自身免疫力的下降、生活环境的不卫生、其他疾病感染等，患病后猫使用的梳子、剪刀、刷子和笼子都有可能成为传染的媒介。判断猫是否患上了霉菌性皮炎，只需要用放大镜观察脱落下来的毛发，当脱落下来的毛发出现断裂，有一半的可能证明猫患病了。

其中最容易患上霉菌性皮炎的猫是长毛猫，而长毛猫中的波斯猫是最容易患病、最容易复发这种疾病的品种。波斯猫患上霉菌性皮炎后会蔓延到全身，对于脱落毛发的地方，波斯猫会一直不停地舔舐，舌头上不可避免地就沾染上了病菌，这时再舔舐其他部位，就会将病菌带过去。

治疗霉菌性皮炎一般可采用如下方法：一种是局部治疗，如果是短毛猫，为了避免病菌扩散，只需要将感染部位的毛发剃光即可；如果是长毛猫，则需要将全身上下所有的毛全部剃光，并且剃下来的毛还需要进一步处理，以防病菌进一步传染，最后在感染的地方涂抹药膏。如果在接受局部治疗一段时间后，病情没有得到较大改善，要进行全身性治疗。

患病后猫的皮肤会感到瘙痒，一旦挠破有可能引起其他疾病，主人最好限制猫四肢的动作，避免抓伤。还有的人认为紫外线有杀菌的作用，但由于猫身上的汗腺很少，不能很好地散热，为了避免被紫外线晒伤，最好不要轻易尝试这种办法。

青春痘

青春痘也被称为痤疮，它与人类会患上的痤疮很相似，唯一不同的大概是，无论什么年龄的猫都有可能患上痤疮，猫痤疮是可以治疗的。

痤疮的出现和皮肤中的皮脂腺有很大关系，皮脂腺会产生一定的油脂，这些油脂能够起到调节皮肤温度和保持皮肤柔软的作用，一旦与皮脂腺相连的毛囊被堵塞，油脂无法到达皮肤表面，痤疮就会轻易出现了。

猫会产生痤疮的原因很多，可能与塑料碗有关，如果塑料碗上有划痕，很可能螨虫、病菌就会藏在里面，猫进食的时候，下巴可能会在塑料碗上摩擦，进而接触到这些赃物引发感染；可能与过敏有关，如果环境中或者食物中含有让猫过敏的物质，也会导致皮肤炎症的产生和痤疮感染；可能与清洁不佳有关，猫进食时，脸上身上可能落下食物的残渣，如果不及时清理，就有堵塞毛孔诱发痤疮的可能；可能与免疫力有关，如果猫体内的免疫力下降，将不能很好地抵抗病菌的侵袭，容易被病菌感染。这些都是常见的会产生痤疮的原因。

当你发现猫的下巴上出现了黑色的斑点或者是颜色很深的硬疙瘩，并且伴随着发红、发炎的情况，很大可能是患上了痤疮。如果发生痤疮破裂和流脓的情况，猫会用爪子不停地磨蹭，痤疮很容易就变成溃疡而产生其他的感染。在抚摸猫下巴的时候，主人一定要多注意检查一下猫下巴上是否存在凹凸不平的皮肤。

想要治疗和改善猫痤疮，不仅需要改善猫皮肤的卫生状况，还要保持周围的环境整洁干净。将猫进食用的塑料碗换成不锈钢用具；进食后，用温和的清洁剂帮猫清洗下巴上的食物残渣；听从兽医的意见，服用和涂抹药物，例如口服维生素 A 和口服抗生素等。

痤疮是一种很常见，也很容易被治疗的疾病，猫主人不需要惊慌，只要在兽医的建议下给猫按时服药就可以了，但是要注意，千万不要将人类使用的药物涂抹在猫的身上。

耳疥虫

耳疥虫病是一种寄生在猫耳朵里的寄生虫病。耳疥虫其实非常小，平时会像蜘蛛一样躲在猫的耳朵里，它虽然是白色的，但却会制造出大量深色的耳垢。当主人清理完猫的耳朵，第二天仍然会出现大量耳垢的时候，很可能就是猫患上了耳疥虫病。耳疥虫病会让猫的耳朵变得敏感、易痒，猫可能会因为抓挠而导致耳部和颈部周围发炎和红肿。

耳疥虫病是一种猫只要近距离接触患病宠物，就可能会受到感染的疾病，如果家里的猫感染了耳疥虫病的话，一定要将它与家里的其他宠物隔离开，并且要做好消毒措施，以免患病的猫将疾病传染给家里其他健康的猫。虽然耳疥虫病对人影响不大，但如果家里只有一只患病猫，也建议主人减少和这只猫的亲密接触，例如不要一起睡觉等。

耳疥虫在猫耳朵里会源源不断地分泌深色的脏东西，主人需要尽快将其清理干净，否则这些污垢与空气接触之后，会很快硬化，到时候再帮猫掏耳朵的时候，可能会划伤猫。如果没有及时发现深色污垢，那么在清洁猫耳部前，最好先在猫的耳朵里滴一些润滑油，污垢软化之后，再将其仔细清理。

想要彻底清除猫耳朵里的耳疥虫，就需要在兽医的指导下，给猫使用专用的清洁液来清洗耳朵。有的主人为了图方便，会给猫使用人类使用的耳药水，这些药水并不适合猫，且不会对耳疥虫病有较好的治疗作用。

★ 专题 猫的保健

　　猫的保健主要包括定期体检、疫苗接种和需要兽医治疗等事项。

　　猫一般需要每年全面体检一次，年老后一年两次，需要对猫的耳朵、眼睛、牙齿、体重、心跳等方面进行健康检查。

　　猫如果需要阉割一般从猫出生后七八个月开始，出生后2个月左右进行首次疫苗接种，以后的每年都要注射加强免疫针，以抵御传染性疾病。

　　猫一生中都可能遭遇疾病，有些小毛病比如腹泻等一般可不用担心；如果反复呕吐和腹泻，则可能是潜在疾病的症状，需要求助兽医；猫突然厌食，则可能患了重病，需要兽医救助。猫忍受病痛能力很强，一般不愿引起主人的关注，所以要时刻注意猫行为的变化，如猫不愿意跳跃、警觉性降低、活动减少等常常是猫生病或处于疼痛中的表象；猫胃口不佳可能由牙疼造成，也可能是肾衰竭；呕吐、腹泻、尿频、中暑等可导致脱水，甚至危及生命，兽医可以为猫皮下或静脉注射进行紧急补水。

猫如果受伤了，要用干净的布料压住伤口；伤口中的嵌入物去除的话可能会造成出血更多，要留在原位，等兽医解决；遭遇事故的猫即使没有明显外伤也要送到兽医那里检查，因为可能有内伤，内脏出血会导致休克；休克症状有呼吸不规律、苍白色或蓝色牙龈、体温降低等。休克的猫体温低，要用毯子轻轻地包裹它，并尽快带到兽医处诊治。

猫的很多疾病都与肥胖有关，比如糖尿病、心脑血管疾病、肝病、关节承压等。如果猫肥胖，请调换成低热量食谱，减少餐数，增加运动量。如果猫拥有健康体重，通常寿命会更长。

猫一般能活到 14～15 岁，相当于人类 72～76 岁，偶尔有的猫能活到 20 岁左右，相当于人类的 96 岁左右，猫三岁后的一年基本上相当于人类的四年。猫衰老的症状有体重增加或减轻，视力衰退，牙齿出现疾病，活动量减少，被毛变薄，性格变得容易发怒等。

三、紧急情况

活泼好动的猫在日常生活中，身体很容易遇到磕磕碰碰，更不要说遇到"敌人"时，打架争斗后的伤痕累累了。面对猫可能出现的一系列突发状况，了解一些急救注意事项是很有必要的。

急救注意事项

急救就是在遇到了紧急情况下的救治，例如猫窒息了、吞食了异物、心脏病发作或者溺水等情况下的救治。

窒息

猫呼吸困难时，有的猫主人会立即带它去一个空气流通好的地方，但最好的做法是要先弄清楚呼吸困难的原因。先用毛巾将它包裹起来，然后用一个小手电去观察猫的嘴里是否含有异物，如果误食了尖锐的物体，最好立即就医；如果吞食了长线，自己不要贸然动手取，要先将留在外面的线头系在猫的项圈上，然后再去找医生；如果吞食的物体不危险的话，可以自己用镊子将其取出。

心脏病

很多猫的死亡与心脏病相关，可能看起来很健康的猫，毫无预兆就会倒地身亡。心脏病的种类有很多，应对的措施也各不相同。如果突发心脏病的时候，反应并不剧烈的话，可以通过按摩猫的胸部来缓解痛苦，然后再送去医院治疗。

溺水

猫讨厌水的存在，可能很少的水进入猫的肺部，就会溺死猫。这时主人需要拍打猫的背部，使得进入肺部的水全部被拍出来。轻轻拍打的方式可能并不管用，手法激烈反而更合适，例如将猫倒立着拎起，握住猫的后腿然后使劲摇晃并用力拍打猫的背部。

电击

家里的电线无处不在，猫啃咬电线的时候，电线漏电可能会使猫遭到电击。这时候主人应立即将猫与电线分开，防止猫受到二次电击。观察猫的嘴部，如果猫看上去被烧伤了，应立即就医。

异物

最常见的是猫的眼睛、嘴巴、耳朵和皮毛上沾染了异物，如果沙石进了猫的眼、耳、口、鼻，可以使用猫专用的眼药水、洗耳液或者橄榄油将其冲洗出来，也可以用干净的纸巾将异物从眼睛里擦拭出来，切忌使用镊子。如果猫的被毛上沾染了有害的化学物质，应立即用肥皂或者清洁剂将污垢清洗干净，如果洗不干净，就用剪刀将变脏的毛剪掉。

血流不止

如果猫在打斗中血流不止，应立即在伤处绑上止血绷带，如果没有止血绷带，可以试着用手指按压伤口来止血。

休克

猫休克的时候看起来和死掉一模一样，主人可以试着用手在猫的腋窝里感受它的脉搏，如果没有任何脉搏反应，可以将其头部朝下，用手按摩它的胸腹部，猫有可能会"死而复生"，重新活过来。

误食鱼刺

　　如果猫在进食鱼类食物时突然停止用餐，并且面容痛苦，不停用前肢擦拭嘴部，应该是误食了鱼刺。主人应用左手的拇指和食指按着猫的犬齿，使其张开嘴巴，拉出猫的舌头，用手电观察猫的喉部，再用镊子取出异物。如果主人没有信心或者经验，立即就医为好。

外伤注意事项

　　猫身上会出现外伤的原因，主要有以下几种，一种是意外情况；一种是公猫在发情期为了争夺母猫，争风吃醋过程中大打出手；一种是猫与猫之间为了争夺食物而引起的打架斗殴事件；最后一种是猫在外出玩耍的时候，不小心被锋利的东西划伤身体，例如铁丝和玻璃碎片。

烧伤

　　如果只有猫的腿部被轻微灼伤，迅速在灼伤部位用冷水湿敷，然后用毛巾将受伤的腿部缠住，以免感染；如果是头部灼伤，先用冰块冷敷患处，然后用医用绷带包裹患处，在绷带上再用冰块冷敷一次，最后送去医院检查；如果是全身烧伤，冰块冷敷的方法和药物涂抹就变得不太合适，应立即将猫全身浸泡在水中，并且用湿毛巾将其包裹住，喂食一些水以避免猫脱水。还需要注意的是,不要让猫着凉感冒。

骨折

如果骨折在背部,将猫置于木板上,使其侧卧,并且用绳子加以固定;如果骨折在四肢,主人最好不要随意触碰猫的患处,避免伤到腿上的神经或者血管。如果骨折处还有外伤,骨头明显凸起,将毛巾垫在猫骨折的地方,然后立即带它去医院急救。猫骨折后,千万不能随意移动它,不要拉扯它的骨折处。

中毒注意事项

猫本身是一种对气味很敏感的动物,并且对万事万物都充满好奇心,在这种天性之下,很可能会误食一些有毒的物质,还有可能猫毛上沾染了有毒物质,猫在舔毛的时候,将有毒物质吞食进了体内。

猫中毒后的表现为呼吸困难、呕吐、腹泻、咳嗽、失去知觉和瞳孔放大,应立即将猫带到通风良好且光线充足的地方,接下来要做三件事,一件是催吐,一件是清洁,另一件是洗胃。

在给猫催吐前,需要先弄清楚猫吞食了什么东西,不是吞食了所有有毒的物质都可以进行催吐的,含有酸性和碱性的化学物质进入猫的食道后可能会造成灼伤,如果强行催吐,极有可能造成对食道的二次伤害。

如果猫在舔舐被毛的时候中毒了，首先需要阻止猫进一步吸收有毒物质，也就是要将猫被毛上的有毒物质全部冲洗干净。清洗的时候，主人最好戴上橡胶手套，避免有毒物质接触人的皮肤，用肥皂或者猫专用的清洗液，溶解、清洁猫身上的物质。

如果猫吞食有毒物质超过两个小时，有毒物质可能已经渗入到血液中了，即使催吐也没有什么大的作用。猫误食有毒物质的时间越短，催吐的效果就越明显。盐水可以帮助更好地催吐，配制的步骤也较为简单，只需要一勺盐和一杯清水就可以了。如果猫误食的是一种带有腐蚀性的有毒物质，最好立即给猫喝一些牛奶。

催吐没有效果之后，才需要洗胃，洗胃最好到宠物医院由医生处理。可以用温盐水、温开水和肥皂水来洗胃。洗胃不仅可以将胃里的有毒物质排出，还能调节猫体内的酸碱平衡，恢复猫的肠胃蠕动。

如果猫中毒较深，已经处在没有知觉的情况，应带上猫误食的有毒物质，立即去医院寻求医生的帮助，越早联系医生，猫解毒和生还的概率就越大。

四、如何照顾一只老年猫？

伴随着时间的飞逝，人在不断成长的过程中，猫也会逐渐老去，无论是人还是动物，都避免不了这种情况的发生，我们能做的，就是照顾好老年的猫，在它们生命的最后，给予陪伴和关怀。

衰老的征兆

衰老是体内器官中细胞新陈代谢减缓的结果，猫和人类的寿命长短不同，通常在 10 岁以后，猫就算是步入了老年期。

猫衰老的征兆有很多：视力、听力的不断下降；睡眠时间逐渐变长；新陈代谢的能力开始退化，食欲下降、不爱喝水；营养不能完全吸收会导致身上的被毛变得黯淡无光，甚至会长出颜色比较浅的毛，也就是我们通常说的"长白头发"了，掉毛越来越严重，甚至猫连自己梳理被毛的时间和频率都会减少；走路的步伐变小，走路的时候容易喘，跑跳能力减弱，甚至不愿意往高处跳；待在猫砂盆里的时间变长，甚至连性格都会发生改变。

面对猫的这些衰老征兆，猫主人除了需要平时更加细心仔细观察猫的变化，还要为猫提供一个安全安静、舒适且光线充足的生活环境。

照顾高龄猫

衰老之后的猫，会逐渐增加上厕所的频率，并且不愿意奔跑，行动速度也会逐渐减慢，最好在家里多放置两个猫砂盆，避免猫内急的时候，因行动不敏捷而随地大小便。

在喂食的时候，不宜随意添加或减少猫粮的量，应计算好猫每天需要的热量，依此来调整喂食的内容，如果肆意妄为，想喂猫吃什么就喂什么的话，不仅浪费，而且猫也会不能完全吸收这些营养，导致消化不良。随着猫年龄的增大，运动量会随之减小，吸收营养能力也会变弱，喂食时要保证添加猫必要的营养素。

主人要根据猫的年龄调整水盆的高度，如果水盆的位置放置过高，例如放在桌子或者柜子上，行动不便的老猫很可能难以跃上去。不论猫处在生命的哪一个阶段，都需要足够的水来维持基本的身体需求。如果长时间不饮水，可能会引起脱水，对猫身体产生不利影响。

高龄猫的体力会变差，主人在与猫玩耍时，应避免需要剧烈运动的游戏，应选择互动性的玩具，适时、适量地安排，这样不仅可以帮助猫保持身心愉悦，还能维持猫健康，推迟其衰老。

年老之后的猫，免疫力也会随之下降，很容易受到细菌和病毒感染，从而患病，这就需要主人在日常生活中，经常观察猫的生活习性，以便它患病的时候，能第一时间发现并送去就医。

道别的时刻

人固有一死，猫也是，死亡是不可避免的事。如果猫是自然死亡，那么恭喜它，在临走的时候，可以不需要忍受病痛的折磨。

猫有一种神奇的本领，就是能知道自己什么时间会离开这个世界，当猫精神不佳、食欲不振甚至半夜嚎叫的时候，可能是猫预感到了自己能够陪伴在主人身边的时间不多了。

很多自然老死的猫会寻找一个最适合自己的墓地，然后趁主人不注意的时候，偷偷溜出去，可能是因为它不想看到主人为它伤心流泪，不想面对最后道别的场景，所以选择孤独地离开这个世界。

如果猫是非自然死亡，例如生了一场很严重的病，治疗后仍然不能痊愈，这时建议主人将它带回家，在最后的日子里陪伴在它的身边，给它尽量多一些的安全感。在冰冷的医院可能会更有助于治疗猫身体上的疾病，但同时也会在猫的心理上留下深深的伤痕。在最后为期不多的日子里，将它带回熟悉的环境，享受温暖的阳光和主人的怀抱。真不希望在最后道别的时候，你看到的是猫躺在冷冰冰的"病床"上，眼里含着恐惧和绝望。